世界武器鉴赏系列

# 航天器
## 鉴赏指南 （珍藏版）

（第2版）

《深度军事》编委会 编著

清华大学出版社
北京

# 内 容 简 介

本书精心选取了世界各国建造的百余款经典航天器，涵盖了人造卫星、空间站、宇宙飞船、运载火箭、航天飞机和航天探测器。同时，为了增强本书的阅读趣味性，大部分航天器配有多幅精美图片，且每种航天器的研发历史和实用性能均有介绍，并详细罗列了各项参数，以帮助读者更深刻地了解航天器。

本书内容翔实、结构严谨、分析讲解透彻，而且图片精美丰富，适合广大军事爱好者阅读和收藏，也可以作为青少年的科普读物。

**图书在版编目(CIP)数据**

航天器鉴赏指南(珍藏版)/《深度军事》编委会编著. —2版. —北京：清华大学出版社，2017（2024.6重印）

(世界武器鉴赏系列)

ISBN 978-7-302-47807-2

Ⅰ．①航… Ⅱ．①深… Ⅲ．①航天器—世界—指南 Ⅳ．①V47-62

中国版本图书馆CIP数据核字(2017)第170423号

责任编辑：李玉萍
封面设计：郑国强
责任校对：张术强
责任印制：宋　林
出版发行：清华大学出版社
网　　址：https://www.tup.com.cn，https://www.wqxuetang.com
地　　址：北京清华大学学研大厦A座　　　　邮　　编：100084
社　总　机：010-83470000　　　　邮　　购：010-62786544
投稿与读者服务：010-62776969，c-service@tup.tsinghua.edu.cn
质量反馈：010-62772015，zhiliang@tup.tsinghua.edu.cn
印　装　者：涿州汇美亿浓印刷有限公司
经　　销：全国新华书店
开　　本：146mm×210mm　　　　　　印　　张：10
版　　次：2012年1月第1版　2017年8月第2版　　印　　次：2024年6月第6次印刷
定　　价：49.80元

产品编号：072996-01

国无防不立，民无防不安。一个国家、一个民族，最重要的两件大事就是发展和安全。国防是人类社会发展与安全需要的产物，是关系到国家和民族生死存亡的根本大计。军事图书作为学习军事知识、了解世界各国军事实力的绝佳途径，对于提高国民的国防观念，加强青少年的军事素养有着重要意义。

与其他军事强国相比，我国的军事图书在写作和制作水平上还存在诸多不足。以全球权威军事刊物《简氏防务周刊》（英国）为例，其信息分析在西方媒体和政府中一直被视为权威，其数据库被各国政府和情报机构广泛购买。由于种种原因，我国的军事图书在专业性、全面性和影响力等方面还有明显不足。

为了给军事爱好者提供一套全面而专业的武器参考资料，并为广大青少年提供一套有趣、易懂的军事入门级读物，我们精心推出了"世界武器鉴赏系列"图书，其内容涵盖现代飞机、现代战机、早期战机、现代舰船、单兵武器、特战装备、世界名枪、世界手枪、美国海军武器、二战尖端武器、坦克与装甲车等。

本系列图书由国内资深军事研究团队编写，力求内容的全面性、专业性和趣味性。我们在吸收国外同类图书优点的同时，还加入了一些独特的表现手法，努力做到化繁为简、图文并茂，以符合国内读者的阅读习惯。

本系列图书内容丰富、结构合理，在带领读者熟悉武器历史的同时，还可以帮助提纲挈领地了解各种武器的作战性能。在武器的相关参数上，我们参考了武器制造商官方网站的公开数据，以及国外的权威军事文档，做到了有理有据。每本图书都有大量的精美图片，配合别出心裁的排版，具有较高的观赏性和收藏价值。

前言
PREFACE

　　1957 年 10 月，世界上第一颗人造地球卫星"史普尼克"1 号在苏联发射成功，开创了人类航天的新纪元，宇宙空间开始成为人类活动的新疆域，并且将 1957 年定为第一个国际空间年。在之后的近半个世纪，航天技术在世界范围内取得了巨大的进展，并广泛应用于科学活动、军事活动、国民经济和社会生活的许多部门，产生了极其重大而深远的影响。

　　航天器是按照天体力学的规律在太空运行，执行探索、开发、利用太空和天体等特定任务的各类飞行器的统称，第一个载人航天器是苏联的"东方"号飞船，第一个把人送到月球上的航天器是美国的"阿波罗"11 号飞船，第一个兼有运载火箭、航天器和飞机特征的飞行器是美国的"哥伦比亚"号航天飞机。至今，航天器基本上都在太阳系内运行。

　　本书精心选取了来自世界各国建造的百余款经典航天器，涵盖了人造卫星、空间站、宇宙飞船、运载火箭、航天飞机和航天探测器。同时，为了增强阅读趣味性，大部分航天器都配有多幅精美图片，以帮助读者更深刻地了解航天器。

　　本书紧扣军事专业知识，不仅带领读者熟悉航天器历史，而且可以帮助读者了解航天器的运行性能，特别适合作为广大军事爱好者的参考资料和青少年的入门读物。全书共分为 7 章，涉及内容全面合理，并配有丰富而精美的图片。

　　本书是真正面向军事爱好者的基础图书。全书由资深军事团队编写，力求内容的全面性、趣味性和观赏性。全书内容丰富、结构合理，关于武器的相关参数还参考了制造商官方网站的公开数据，以及国外的权威军事文档。

　　本书由《深度军事》编委会创作，参与本书编写的人员有阳晓瑜、陈利华、高丽秋、龚川、何海涛、贺强、胡姝婷、黄启华、黎安芝、黎琪、黎绍文、卢刚、罗于华、杨淼淼等。对于广大资深军事爱好者以及有意掌握国防军事知识的青少年，本书不失为最有价值的科普读物。希望读者朋友们能够通过阅读本书，循序渐进地提高自己的军事素养。

目 录
CONTENTS

**第 1 章　航天器漫谈** .................................... 1

航天器的发展现状 ......................................... 2

航天器的主要分类 ......................................... 5

**第 2 章　人造卫星** ...................................... 13

美国"探险者"1 号 ....................................... 14

美国"辉煌"号 ........................................... 18

美国"火星全球探勘者"号 ................................. 21

美国太阳界面区成像光谱仪卫星 ........................... 23

美国"地球之眼"1 号 ..................................... 25

美国"陆地卫星"1 号 ..................................... 27

美国"陆地卫星"4 号 ..................................... 28

苏联"史普尼克"1 号 ..................................... 29

英国"天卫"1 号 ......................................... 32

欧洲"火星快车"号 ....................................... 34

欧洲环境卫星 ............................................ 37

欧洲"哨兵"1 号 ......................................... 40

欧洲"哨兵"2 号 ......................................... 43

欧洲"依巴谷"号 ......................................... 46

欧洲／俄罗斯"火星微量气体任务" . . . . . . . . . . . . . . . . . . . . . . . . . . . . 48

欧洲"普罗巴"5号 . . . . . . . . . . . . . . . . . . . . . . . . . . . . . . . . . . . . . . . . . 51

加拿大"云雀"1号 . . . . . . . . . . . . . . . . . . . . . . . . . . . . . . . . . . . . . . . . . . 54

德国重力恢复及气候实验卫星 . . . . . . . . . . . . . . . . . . . . . . . . . . . . . . . . 56

美／英／日"日出"卫星 . . . . . . . . . . . . . . . . . . . . . . . . . . . . . . . . . . . . . 58

伊朗"希望"号 . . . . . . . . . . . . . . . . . . . . . . . . . . . . . . . . . . . . . . . . . . . . . 59

**第3章　空间站** . . . . . . . . . . . . . . . . . . . . . . . . . . . . . . . **61**

国际空间站 . . . . . . . . . . . . . . . . . . . . . . . . . . . . . . . . . . . . . . . . . . . . . . . 62

苏联"礼炮"1号 . . . . . . . . . . . . . . . . . . . . . . . . . . . . . . . . . . . . . . . . . . . 65

苏联"礼炮"2号 . . . . . . . . . . . . . . . . . . . . . . . . . . . . . . . . . . . . . . . . . . . 67

苏联"礼炮"3号 . . . . . . . . . . . . . . . . . . . . . . . . . . . . . . . . . . . . . . . . . . . 68

苏联"礼炮"6号 . . . . . . . . . . . . . . . . . . . . . . . . . . . . . . . . . . . . . . . . . . . 69

苏联"礼炮"7号 . . . . . . . . . . . . . . . . . . . . . . . . . . . . . . . . . . . . . . . . . . . 71

苏联"和平"号 . . . . . . . . . . . . . . . . . . . . . . . . . . . . . . . . . . . . . . . . . . . . . 73

美国"天空实验室"2号 . . . . . . . . . . . . . . . . . . . . . . . . . . . . . . . . . . . . . 76

美国"天空实验室"3号 . . . . . . . . . . . . . . . . . . . . . . . . . . . . . . . . . . . . . 79

**第4章　飞船** . . . . . . . . . . . . . . . . . . . . . . . . . . . . . . . . . **83**

美国"双子座"1号 . . . . . . . . . . . . . . . . . . . . . . . . . . . . . . . . . . . . . . . . . 84

美国"双子座"3号 . . . . . . . . . . . . . . . . . . . . . . . . . . . . . . . . . . . . . . . . . 86

美国"天龙"号 . . . . . . . . . . . . . . . . . . . . . . . . . . . . . . . . . . . . . . . . . . . . . 88

美国"猎户座"号 . . . . . . . . . . . . . . . . . . . . . . . . . . . . . . . . . . . . . . . . . . . 91

美国"星尘"号 . . . . . . . . . . . . . . . . . . . . . . . . . . . . . . . . . . . . . . . . . . . . . 94

美国"阿波罗"1号 . . . . . . . . . . . . . . . . . . . . . . . . . . . . . . . . . . . . . . . . . 97

美国"阿波罗"7号 . . . . . . . . . . . . . . . . . . . . . . . . . . . . . . . . . . . . . . . . 100

美国"阿波罗"8号 . . . . . . . . . . . . . . . . . . . . . . . . . . . . . . . . . . . . . . . . 102

美国"阿波罗"10号 . . . . . . . . . . . . . . . . . . . . . . . . . . . . . . . . . . . . . . 104

美国"阿波罗"11号 . . . . . . . . . . . . . . . . . . . . . . . . . . . . . . . . . . . . . . 106

美国"阿波罗"12号 . . . . . . . . . . . . . . . . . . . . . . . . . . . . . . . . . . . . . . 109

美国"阿波罗"13号 ......................................... 111

美国"阿波罗"15号 ......................................... 113

苏联"东方"1号 ............................................ 115

苏联"东方"3号 ............................................ 118

苏联"东方"4号 ............................................ 120

苏联"上升"1号 ............................................ 121

苏联"上升"2号 ............................................ 123

苏联"联盟"1号 ............................................ 125

苏联"联盟"11号 ........................................... 126

俄罗斯"联盟"TMA-15M号 .................................. 127

俄罗斯"联盟"TMA-17号 ................................... 129

俄罗斯"联盟"TMA-19号 ................................... 130

苏联"史波尼克"5号 ........................................ 132

## 第5章　运载火箭 ......................................**133**

美国"大力神"1号 .......................................... 134

美国"大力神"2号 .......................................... 137

美国"大力神"3A号 ......................................... 139

美国"大力神"3E号 ......................................... 140

美国"擎天神"1号 .......................................... 142

美国"擎天神"2号 .......................................... 143

美国"擎天神"5号 .......................................... 145

美国"土星"5号 ............................................ 148

美国"德尔塔"2号 .......................................... 151

美国"德尔塔"4号 .......................................... 153

美国"猎鹰"1号 ............................................ 156

美国"猎鹰"9号 ............................................ 158

美国"战神"1号 ............................................ 161

美国"飞马座"号 ........................................... 164

美国"金牛座"号 . . . . . . . . . . . . . . . . . . . . . . . . . . . 167

欧洲"阿丽亚娜"3号 . . . . . . . . . . . . . . . . . . . . . . 170

欧洲"阿丽亚娜"5号 . . . . . . . . . . . . . . . . . . . . . . 171

欧洲"织女星"号 . . . . . . . . . . . . . . . . . . . . . . . . . . 173

苏联"能源"号 . . . . . . . . . . . . . . . . . . . . . . . . . . . . . 176

苏联"联盟"号 . . . . . . . . . . . . . . . . . . . . . . . . . . . . . 179

俄罗斯"质子"号 . . . . . . . . . . . . . . . . . . . . . . . . . . 182

俄罗斯"呼啸"号 . . . . . . . . . . . . . . . . . . . . . . . . . . 185

俄罗斯"宇宙 −3M"号 . . . . . . . . . . . . . . . . . . . . . 187

俄罗斯"起飞"号 . . . . . . . . . . . . . . . . . . . . . . . . . . 189

以色列"沙维特"号 . . . . . . . . . . . . . . . . . . . . . . . . 191

法国"钻石"号 . . . . . . . . . . . . . . . . . . . . . . . . . . . . . 192

**第 6 章　航天飞机** . . . . . . . . . . . . . . . . . . . . . . . **195**

美国"企业"号 . . . . . . . . . . . . . . . . . . . . . . . . . . . . . 196

美国"挑战者"号 . . . . . . . . . . . . . . . . . . . . . . . . . . 199

美国"发现"号 . . . . . . . . . . . . . . . . . . . . . . . . . . . . . 202

美国"亚特兰蒂斯"号 . . . . . . . . . . . . . . . . . . . . . . 205

美国"哥伦比亚"号 . . . . . . . . . . . . . . . . . . . . . . . . 208

美国"奋进"号 . . . . . . . . . . . . . . . . . . . . . . . . . . . . . 211

美国"开路者"号 . . . . . . . . . . . . . . . . . . . . . . . . . . 214

美国 X−15 . . . . . . . . . . . . . . . . . . . . . . . . . . . . . . . 217

美国"太空船"1号 . . . . . . . . . . . . . . . . . . . . . . . . 219

美国"太空船"2号 . . . . . . . . . . . . . . . . . . . . . . . . 222

苏联"暴风雪"号 . . . . . . . . . . . . . . . . . . . . . . . . . . 224

苏联"小鸟"号 . . . . . . . . . . . . . . . . . . . . . . . . . . . . . 227

**第 7 章　航天探测器** . . . . . . . . . . . . . . . . . . . . . **229**

美国"先驱者"1号 . . . . . . . . . . . . . . . . . . . . . . . . 230

美国"先驱者"5号 . . . . . . . . . . . . . . . . . . . . . . . . 233

美国"先驱者"10号 .................................... 234

美国"先驱者"11号 .................................... 237

美国"勘测者"1号 ..................................... 239

美国"水手"2号 ....................................... 241

美国"水手"4号 ....................................... 244

美国"水手"7号 ....................................... 247

美国"水手"10号 ...................................... 248

美国"徘徊者"5号 ..................................... 250

美国"徘徊者"7号 ..................................... 252

美国"旅行者"1号 ..................................... 253

美国"旅行者"2号 ..................................... 256

美国"伽利略"号 ...................................... 258

美国"深空"1号 ....................................... 261

美国"起源"号 ........................................ 264

美国"信使"号 ........................................ 267

美国"深度撞击"号 .................................... 270

美国"凤凰"号 ........................................ 273

美国"黎明"号 ........................................ 276

美国"新视野"号 ...................................... 279

美国"朱诺"号 ........................................ 282

美国／欧洲"尤利西斯"号 .............................. 285

美国／欧洲／意大利"卡西尼"号 ........................ 288

苏联"月球"1号 ....................................... 292

苏联"金星"1A号 ...................................... 293

苏联"金星"1号 ....................................... 294

苏联"金星"4号 ....................................... 295

苏联"金星"9号 ....................................... 297

苏联"金星"10号 ...................................... 298

欧洲"乔托"号 ........................................ 299

欧洲"罗塞塔"号 ........................................ 301

欧洲"激光干涉空间天线开路者"号 ................... 303

**参考文献**........................................**306**

第 1 章
航天器漫谈

　　航天器是执行航天任务的主体，是航天系统的主要组成部分。航天器的出现使人类的活动范围从地球大气层扩展到广阔无垠的宇宙空间，标志着人类认识自然和改造自然能力的飞跃，对社会经济和社会生活产生了重大影响。

# 航天器的发展现状

  航天器又称"空间飞行器""太空飞行器"，是按照天体力学的规律在太空运行，执行探索、开发、利用太空和天体等特定任务的各类飞行器的统称。航天器在地球大气层以外运行，摆脱了大气层阻碍，可以接收到来自宇宙天体的电磁辐射信息，开辟了全波段天文观测。航天器从近地空间到行星际空间飞行，实现了对空间环境的直接探测以及对月球和太阳系大行星的抵近观测和直接取样观测。

  航天器完成任务的前提是必须具备发射场、运载器、航天测控系统、数据采集系统、用户站台以及回收等设施的配合。如果航天器需要载人，更需要携带维生资源、生命维持系统、乘员观察训练程序的协助。

"阿波罗"15号的服务与指令舱在月球轨道

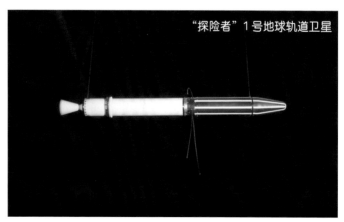

"探险者"1号地球轨道卫星

航天器各系统的工作需要依靠地面遥控或自动控制。宇航员对载人航天器各系统的工作能够参与监视和控制,但是仍然要依赖于地面指挥和控制。航天器控制主要是借助地面和航天器上的无线电测控系统配合完成的。航天器工作的安排、监测和控制通常是由地面控制中心工作人员安排。随着航天器计算机系统功能的增强,航天器自动控制能力也在不断提高。环绕地球运行的航天器从几百千米到数万千米的距离观测地球,迅速而大量地收集有关地球大气、海洋和陆地的各种各样的电磁辐射信息,直接服务于气象观测、军事侦察和资源考察等方面。

航天器结构、热控制、无线电测控、返回着陆、生命保障等系统以及多种专用系统都采用了许多特殊材料、器件和设备,涉及众多的科学技术领域。航天器的正常工作不仅取决于航天器上各系统的协调配合,而且还与整个航天系统各部分的协调配合有密切关系。航天器以及更复杂的航天系统的研制和管理,都需依靠系统工程的理论和方法。

"哥伦比亚"号航天飞机正在发射

航天器运动和环境的特殊性以及飞行任务的多样性使得它在系统组成和技术方面具有许多显著特点。由于航天器是由航天运载器发射送入宇宙空间,长期处在高真空、强辐射、失重的环境中,有的还要返回地球或在其他天体上着陆,常常会经历各种工作环境。因此,能够承受各种复杂的环境条件是航天器设计的基本原则之一。发射航天器需要比自身重几十倍到上百倍的航天运载器,航天器入轨后，需要正常工作几个月、几年，甚至十几年。因此，重量轻、体积小、可靠性高、长寿命是航天器的基本要求，而对于载人航天器来说，可靠性要求就更为突出。

"猎户座"飞船与国际空间站对接想象图

世界上第一个航天器是苏联在 1957 年 10 月 4 日发射的"史普尼克"1 号。美国 1972 年 3 月发射的"先驱者"10 号探测器，在 1986 年 10 月越过冥王星的平均轨道，成为第一个飞出太阳系的航天器。

未来航天器的发展和应用将进一步提高从空间获取信息和传输信息的能力，不断扩大应用范围。加速试验在空间环境条件下生产新材料和新产品、探索在空间利用太阳能，提供新能源也是未来航天器的发展目标。而从空间获取信息、材料和能源则一直是航天器发展的长远目标。

"先驱者"10 号探测器在最后施工阶段

位于德国巴伐利亚赖斯廷的世界上最大的卫星地面站

# 航天器的主要分类

## 人造卫星

人造卫星（Artificial Satellite）是指环绕地球在空间轨道上运行的无人航天器。人造卫星基本按照天体力学规律绕地球运动，但因在不同的轨道上受地球引力场、大气阻力、太阳引力、月球引力和光压的影响，实际运动情况非常复杂。人造卫星是发射数量最多、用途最广、发展最快的航天器。

人造卫星又分为科学卫星、技术试验卫星和应用卫星。人造卫星一般由专用系统和保障系统组成。应用卫星的专用系统按卫星的各种用途包括：通信转发器、遥感器、导航设备等；科学卫星的专用系统则是各种空间物理探测、天文探测等仪器；技术试验卫星的专用系统则是各种新原理、新技术、新方案、新仪器设备和新材料的试验设备。保障系统是指保障卫星和专用系统在空间正常工作的系统，也称为服务系统，主要有结构系统、电源系统、热控制系统、姿态控制和轨道控制系统、无线电测控系统等。对于返回卫星，则还有返回着陆系统。

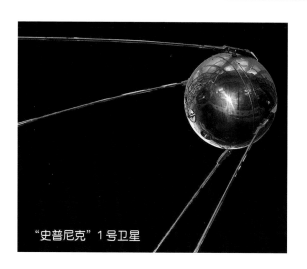

"史普尼克" 1号卫星

## 空间站

空间站是一种在近地轨道长时间运行，可供多名宇航员巡访、长期工作和生活的载人航天器。空间站分为单一式和组合式两种。单一式空间站可由航天运载器一次发入轨，组合式空间站则由航天运载器分批将组件送入轨道，在太空组装而成。

空间站的基本组成是以一个载人生活舱为主体，再加上有不同用途的舱段，如工作实验舱、科学仪器舱等。空间站外部必须装有太阳能电池板和对接舱口，以保证站内电能供应和实现与其他航天器的对接。

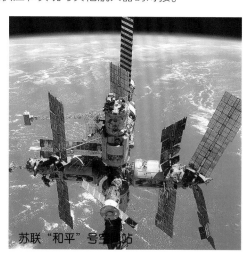

苏联"和平"号空间站

空间站在太空接纳航天员进行实验，可以使载人飞船成为只运送航天员的工具，从而简化了其内部的结构和减轻其在太空飞行时所需要的物资。这样既能降低其工程设计难度，又可减少航天费用。另外，空间站在运行时可载人，也可不载人，只要航天员启动并调试后它可照常进行工作，定时检查，到时就能取得成果。这样能缩短航天员在太空的时间，可减少许多消费，当空间站发生故障时可以在太空中维修、换件，延长航天器的寿命。因为空间站能长期（数个月或数年）飞行，故保证了太空科研工作的连续性和深入性，这对研究的逐步深化和提高科研质量有重要作用。

国际空间站

负责空间站组件的工厂

## 宇宙飞船

　　宇宙飞船是一种一次性使用的航天器（随着科技发展，现在可以多次往返使用）。它能保证航天员在太空短期生活并进行一定的工作。它的运行时间一般是几天到半个月，一般指乘2～3名航天员。飞船与返回式卫星有很多相似之处，但为了满足载人的条件，故增加了许多特殊系统，以满足宇航员在太空工作和生活的多种需要。

"联盟"号宇宙飞船

## 运载火箭

　　运载火箭是将人们造的各种航天器推向太空的载具。它一般分为2～4级，用于把人造地球卫星、载人飞船、空间站、行星际探测器等送入预定轨道。末级有仪器舱，内装制导与控制系统、遥测系统和发射场安全系统。有效载荷装在仪器舱内，外面套有整流罩。运载火箭每一级都包括箭体结构、推进系统和飞行控制系统。

　　自1957年苏联首次利用运载火箭发射第一颗人造卫星，至20世纪80年代，世界各国已研制成功了多种大、中、小型运载火箭。比较著名的有苏联的"东方"号系列运载火箭、美国的"大力神"系列运载火箭等。

"大力神"1 号运载火箭升空

## 航天飞机

　　航天飞机是一种有人驾驶、可重复使用的、往返于太空和地面之间的航天器。它既能像运载火箭那样把人造卫星等航天器送入太空，也能像载人飞船那样在轨道上运行，还能像滑翔机那样在大气层中滑翔着陆。航天飞机为人类自由进出太空提供了便 利的工具，是航天史上的一个重要里程碑。

　　虽然世界上也有许多国家都陆续进行过航天飞机的研发，但只有美国与苏联实际成功发射并回收过这种航天工具。随着苏联的瓦解，相关的设备由哈萨克接收后，受限于没有足够经费维持运作使得整个太空计划停摆，因此目前全世界仅有美国的航天飞机机队可以实际使用并执行任务。

"发现"号航天飞机发射瞬间

## 航天探测器

　　航天探测器是对月球和月球以外的天体和空间进行探测的无人航天器，按探测的对象划分为月球探测器、行星和行星际探测器、小天体探测器等。航天探测器装载科学探测仪器，由运载火箭送入太空，飞近月球或行星进行近距离观测。

　　航天探测器离开地球时必须获得足够大的速度才能克服或摆脱地球引力，以实现深空飞行。为了保证探测器沿双切轨道飞到与目标行星轨道相切处时，目标行星恰好也运行到该处，必须选择在地球和目标行星处于某一特定相对位置的时刻发射探测器。探测器可以在绕飞行星时，利用行星引力场加速，实现连续绕飞多个行星。

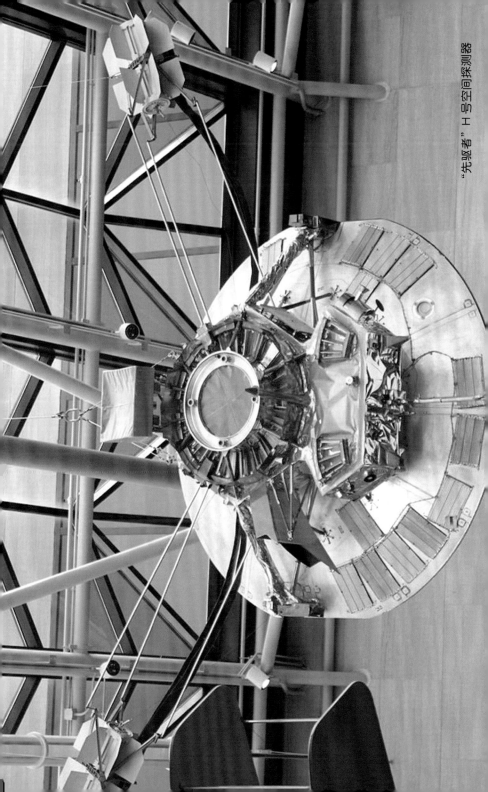

"先驱者" H 号空间探测器

“罗塞塔”号探测器与“菲莱”登陆器

# 第 2 章
# 人造卫星

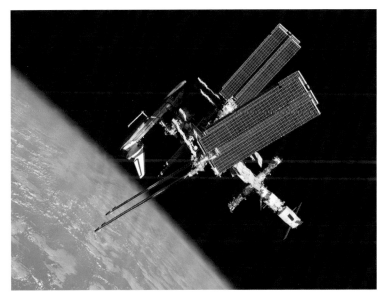

　　人造卫星是指环绕地球在空间轨道上运行的无人航天器，科学家使用火箭或其他运载工具把它发射到预定的轨道，使它环绕地球或其他行星运转，以便进行探测或科学研究。人造卫星是目前发射数量最多、用途最广、发展最快的航天器。

# 美国"探险者"1 号

　　"探险者"1 号（Explorer 1）是美国于 1958 年 1 月 31 日在佛罗里达州卡拉维纳尔角空军基地，发射的第一颗地球人造卫星。

## 研发历史

　　"探险者"1 号卫星源自美国"探索者"计划，该计划是美国首个将人造卫星送入太空并成功的计划，其起源是美国军方提议在国际地球物理年之际将一颗人造卫星送入轨道。该计划最初遭到了否决。但 1957 年 10 月，苏联成功发射了第一颗人造卫星"史普尼克"1 号，美国为了追赶苏联而将"探索者"计划当作应急方案进行实施。

| 基本参数 | |
| --- | --- |
| 重量 | 13.97 千克 |
| 直径 | 0.159 米 |
| 半长轴 | 7832.2 千米 |
| 离心率 | 0.139849 |
| 轨道倾角 | 33.24° |
| 近地点 | 358 千米 |
| 远地点 | 2550 千米 |
| 周期 | 114.8 分钟 |

　　随即美国陆军弹道导弹机构（ABMA）的红石兵工厂将"朱诺"1 号运载火箭改造并进行飞行测试。"朱诺"1 号的改进和"探险者"1 号的研制均在 84 天内完成，1957 年 12 月 6 日，美国海军试图将第一颗卫星送入轨道，但以失

败告终。"探险者" 1 号则于 1958 年 1 月 31 日成功发射升空，1958 年 5 月 23 日终止工作，1970 年 3 月 31 日坠入大气层时被烧毁。

## 性能解析

"探险者" 1 号携带的仪器包括宇宙射线探测仪，3 个外部温度探头，1 个前部温度探头，1 套微波背景探测器。所有的探测数据通过一个功率 60 毫瓦的发射器以 108.03 兆赫频率和另一个 10 毫瓦的发射器以 108.00 兆赫的频率发射到地面接收站。"探险者" 1 号最主要的发现是确定了地球外的磁辐射带，该辐射带被詹姆斯·范·艾伦命名为范·艾伦辐射带（Van Allen radiation belts）。

搭载 "探险者" 1 号卫星的 "朱诺" 1 号运载火箭发射升空

美国官员在红石兵工厂与"探险者"1号模型的合影

在"朱诺"1号顶上的"探险者"1号

# 美国"辉煌"号

"辉煌"号（Glory）是美国国家航空航天局（NASA）在 2011 年发射的一颗地球探测卫星。

## 研发历史

"辉煌"号卫星原定于 2011 年 2 月 23 日在范登堡空军基地通过"金牛座"XL（Taurus XL）火箭发射升空，后因故推迟了几天时间。

2011 年 3 月 4 日，火箭升空六分钟后，整流罩没有正确地与火箭分离，"辉煌"号卫星未能进入预定轨道，整体坠入太平洋。

| 基本参数 | |
|---|---|
| 重量 | 13.97 千克 |
| 直径 | 0.159 米 |
| 半长轴 | 7832.2 千米 |
| 离心率 | 0.139849 |
| 轨道倾角 | 33.24° |
| 近地点 | 358 千米 |
| 远地点 | 2550 千米 |
| 周期 | 114.8 分钟 |

## 性能解析

"辉煌"号卫星当时被安排的主要任务是在 700 千米处的高空分析火山、森林火灾、烟囱和排气管所排出的悬浮颗粒。

"辉煌"号在地球上空

围绕地球飞行的"辉煌"号卫星

"辉煌"号准备发射

# 美国"火星全球探勘者"号

"火星全球探勘者"号（Mars Global Surveyor, MGS）是美国国家航空航天局（NASA）的火星探测卫星。

## 研发历史

"火星全球探勘者"号于 1996 年 11 月 7 日升空，并于 2006 年 11 月 2 日因为失联结束任务。"火星全球探勘者"号在任务期间的探测成果发表在《地球物理研究杂志》（*Journal of Geophysical Research*），其中包括在火星发现有近 10 千米厚的地层。

| 基本参数 | |
|---|---|
| 重量 | 1030.5 千克 |
| 功率 | 980 瓦 |
| 离心率 | 0.7126 |
| 轨道倾角 | 93° |
| 近地点 | 171.4 千米 |
| 远地点 | 17836 千米 |
| 周期 | 698.4 分钟 |

## 性能解析

"火星全球探勘者"号搭载了有科学仪器，包括火星轨道摄影机、火星轨道激光测高仪、热辐射光谱仪、磁力仪与电子反射仪及火星信号中继器等多种科学仪器。

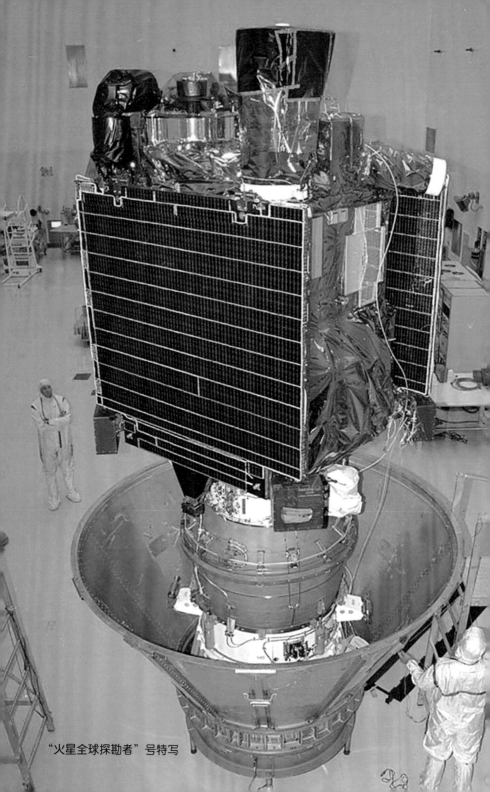

"火星全球探勘者"号特写

# 美国太阳界面区成像光谱仪卫星

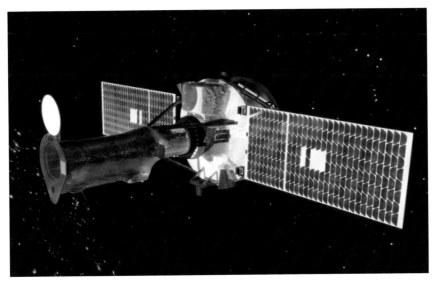

太阳界面区成像光谱仪卫星（Interface Region Imaging Spectrograph，IRIS）是美国国家航空航天局（NASA）计划中的太阳观测卫星。

## 研发历史

NASA 于 2009 年 6 月 19 日宣布 IRIS 从六个候选的小型探测计划中获选，于 2013 年 4 月 16 日到达范登堡空军基地，并确定由"飞马座"火箭发射。2013 年 6 月 27 日，IRIS 卫星成功发射。

| 基本参数 | |
|---|---|
| 重量 | 183 千克 |
| 半长轴 | 7015.38 千米 |
| 离心率 | 0.0029478 |
| 轨道倾角 | 97.9° |
| 近地点 | 623 千米 |
| 远地点 | 665 千米 |
| 周期 | 97.47 分钟 |

## 性能解析

IRIS 卫星的主要仪器是 1 台高帧率的紫外线成像光谱仪，当卫星进入轨道后将由天体物理学实验室（LMSAL）和艾姆斯研究中心操作。

准备发射的太阳界面区成像光谱仪卫星

运载太阳界面区成像光谱仪卫星的"飞马座"火箭

# 美国"地球之眼"1号

　　"地球之眼"1号（Geo Eye-1）是美国地球之眼卫星公司（Geo Eye）发射的第一颗卫星。

## 研发历史

　　"地球之眼"1号于2008年9月6日当地时间11时50分57秒由"德尔塔"2号运载火箭从美国加利福尼亚州范登堡空军基地SLC-2W发射工位发射升空。在飞行58分56秒后，星箭分离，成功注入太阳同步轨道（SSO）。

| 基本参数 ||
|---|---|
| 重量 | 1955 千克 |
| 功率 | 3862 瓦 |
| 离心率 | 0.0010274 |
| 轨道倾角 | 98.12° |
| 近地点 | 678 千米 |
| 远地点 | 693 千米 |
| 周期 | 98.33 分钟 |

## 性能解析

　　"地球之眼"1号每天环绕地球12～13圈，提供范围15.2千米的地球表面图像，该卫星所提供的地面图片是目前分辨率最高的商用图片。这颗卫星是美国第一次在商用卫星上使用美国军用级的高精度全球定位系统（GPS），定位精度高达3米。

"地球之眼" 1号卫星传感器

# 美国"陆地卫星"1 号

"陆地卫星"1 号（Landsat 1）是美国国家航空航天局（NASA）于 1972 年 7 月 23 日发射的一颗遥感卫星。

## 研发历史

"陆地卫星"1 号属于最早的地球资源卫星之一，对后来各国发射的一系列类似卫星有很大影响。这颗卫星原被命名为"地球资源技术卫星"1 号（ERTS-1），但在 1975 年发射了第二颗相同任务的卫星后，该卫星被改名为"陆地卫星"1 号（1 月 14 日正式宣布）。相应地，第二颗卫星被称为"陆地卫星"2 号。

| 基本参数 | |
|---|---|
| 重量 | 1800 千克 |
| 轨道倾角 | 99.1° |
| 远地点 | 902 千米 |
| 近地点 | 917 千米 |
| 轨道周期 | 117.04 分钟 |

## 性能解析

"陆地卫星"1 号运行于近地轨道，星体采用了较成熟的、"雨云"4 号气象卫星的平台，但中间经过了一些改进。"陆地"卫星 1 号拥有 2 块太阳能电池板，约重 950 千克。

"陆地卫星"1 号的搭载设备包括：1 台返束光导摄像管摄像机（RBV），安装于卫星底部，用于探测可见光和近红外信号；1 台 4 通道多光谱扫描仪（MSS），用于接收地表的电磁辐射；1 个数据收集系统，用于向地面接收站发回有用的信号。通过这些设备，"陆地卫星"1 号每天向地球发回 188 帧图像。

# 美国"陆地卫星"4号

"陆地卫星"4号（Landsat 4）是美国"陆地卫星计划"的第四颗卫星。

## 研发历史

  "陆地卫星"4号于1982年7月16日发射，它的主要目的是成为一个全球性的卫星影像图库。虽然当时"陆地卫星计划"是由美国国家航空航天局（NASA）管理，但其数据的管理与提供是由美国地质调查局（USGS）所负责。

| 基本参数 | |
|---|---|
| 重量 | 1941 千克 |
| 轨道倾角 | 98.2° |
| 近地点 | 700 千米 |
| 远地点 | 704 千米 |
| 周期 | 98.81 分钟 |

"陆地卫星"4号的科学任务于1993年12月14日终止，当时它已无法继续传送卫星数据，但已超出其原先的设计寿命5年。任务终止后，美国国家航空航天局（NASA）仍持续追踪和遥测，直到它2001年退役时停止。

## 性能解析

  "陆地卫星"4号配有此前几代陆地卫星更新的多光谱扫描仪和主题绘图仪，但在它升空不久之后就失去了一半的太阳能电力，这不仅影响到它传输资料回地球的能力，也让科学家担心它恐怕撑不到预期的寿命。正是由于这个问题，促使了"陆地卫星"5号的提前发射。

# 苏联"史普尼克" 1 号

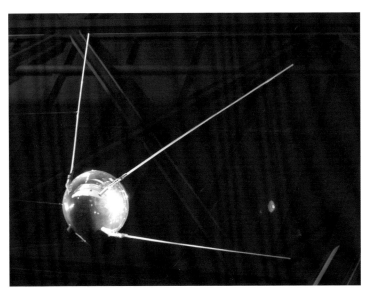

"史普尼克" 1 号（Sputnik 1）是苏联于 1957 年 10 月 4 日发射的世界上第一颗进入地球轨道的人造卫星。

## 研发历史

"史普尼克计划"可追溯到当时苏联的火箭设计师谢尔盖·科罗廖夫向日后担任苏联国防部部长的乌斯季诺夫提出要发展人造卫星计划。随后乌斯季诺夫向其上级米哈伊尔·吉洪拉沃夫报告，随之向苏联政府反映并得到了重视。吉洪拉沃夫强调，发展绕地球人造卫星，是掌握无地域限制全球快速通信的唯一途径，也是令火箭技术得以更进一步的必经之路。

| 基本参数 | |
|---|---|
| 重量 | 83.6 千克 |
| 直径 | 58 厘米 |
| 半长轴 | 6955.2 千米 |
| 离心率 | 0.05201 |
| 轨道倾角 | 65.1° |
| 近地点 | 215 千米 |
| 远地点 | 939 千米 |
| 周期 | 96.2 分钟 |

1955 年 8 月 30 日，当时主导 R-7 火箭研制工作的苏联国家委员会召开了有关人造卫星计划的第一次会议，会议除听取了科罗廖夫关于发射往月球飞船的轨道数据汇报外，还决定了以三节捆绑式 R-7 火箭发射"史普尼克" 1 号的方案。

苏联部长会议批准了发射人造卫星的计划，并暂以"D"命名，计划于

1957—1958 年前后发射。"史普尼克" 1 号卫星最终于 1957 年 10 月成功发射升空。

## 性能解析

"史普尼克 1 号" 于哈萨克拜科努尔太空中心发射，它以 29000 千米 / 时的速度摆脱地球引力，成为世界上第一个进入外太空的人造物体。其进入轨道后，以 20.005 ～ 40.002 兆赫的频率向地球发送无线电波信号，并可由民用无线电用户接收。其无线电信号发送一直持续至 1957 年 10 月 26 日，才因电池电量用尽而中断。

"史普尼克" 1 号升空的意义在于通过测量其轨道变化，有助于研究高空地球大气层的密度，并为日后于电离层发送无线电波提供原始资料。"史普尼克" 1 号内部还填充了压缩氮，其因此而做了第一次人造物体探测陨石的尝试，但由于陨石的高温穿透了 "史普尼克" 1 号的表面，导致其内压泄漏而失败，但其仍为研究陨石极端高温提供了数据。

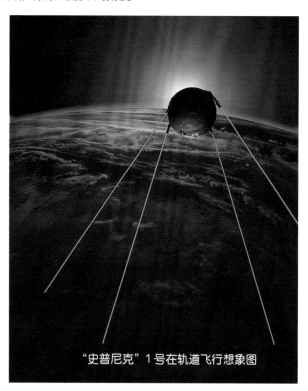

"史普尼克" 1 号在轨道飞行想象图

"史普尼克" 1 号环绕地球飞行

# 英国"天卫"1号

"天卫"1号（Ariel 1）是于1976年5月24日发射的第一颗英国卫星，也是"天卫计划"的第一颗人造卫星。

## 研发历史

1959年年末，英国科学和工程研究委员会提出了与美国宇航局共同发展"天卫"1号的计划，第二年年初，英美两国确定了合作条款的项目范围和具体职责划分。

| 基本参数 | |
|---|---|
| 重量 | 62千克 |
| 轨道倾角 | 53.8° |
| 近地点 | 397千米 |
| 远地点 | 1202千米 |
| 周期 | 100.86分钟 |

"天卫"1号卫星于美国戈达德太空飞行中心（Goddard Space Flight Center）进行建造。于1962年4月26日由雷神·德尔塔（Thor-Delta）火箭搭载，从卡拉维拉尔角空军基地发射升空。1962年7月9日，"天卫"1号在太空中进行了"海星计划"，并损坏了数颗卫星。"天卫"1号于1976年4月24日停止工作并从轨道上坠落。

## 性能解析

"天卫"1号卫星主要用于为其他国家提供援助和促进科学发展。美国对"天卫"1号进行了实验、操作与分析测试结果，并模拟太阳辐射和地球电离层环境对其进行了测试，测试结果表示"天卫"1号各项性能达标，他们还根据这些技术开发出了"云雀计划"。

搭载"天卫"1号卫星的雷神—德尔塔火箭发射升空

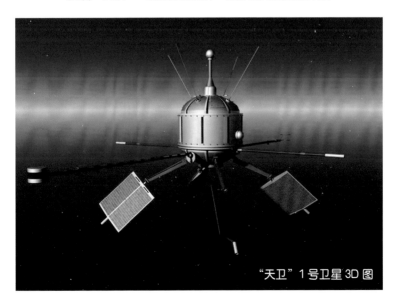

"天卫"1号卫星3D图

# 欧洲"火星快车"号

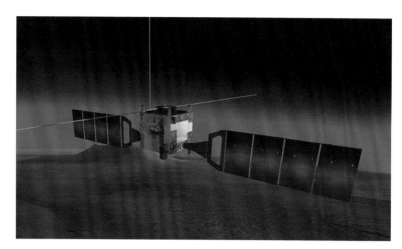

"火星快车"号（Mars Express）是欧洲航天局（European Space Agency，ESA）研制的火星探测卫星，也是该机构进行的首次火星探测计划。

## 研发历史

"火星快车"号包括两个部分："火星快车"号卫星与"小猎犬"2 号登陆器，但"小猎犬"2 号后来失去联系，任务失败。欧洲航天局耗资近 3 亿欧元研制由"联盟"号运载火箭搭载的"火星快车"号于 2003 年 6 月 2 日从哈萨克斯坦的拜科努尔航天发射场成功发射升空。2013 年 12 月 25 日"火星快车"号进入火星轨道。

| 基本参数 | |
| --- | --- |
| 重量 | 1123 千克 |
| 功率 | 460 瓦 |
| 离心率 | 0.571 |
| 轨道倾角 | 86.3° |
| 远地点 | 298 千米 |
| 近地点 | 10107 千米 |
| 周期 | 7.5 小时 |

## 性能解析

"火星快车"号卫星已环绕火星超过 5000 次，并成功传回大量资料与地表影像。由于其具有高度灵活的任务调整弹性和重要的科学价值，直到 2016 年年底，"火星快车"号卫星已经执行了六次任务。2012 年 2 月，"火星快车"号卫星发回了火星部分表面曾覆盖着海洋的强有力的证据，这次发现的沉积物是火星上曾经有水的进一步的证明。研究人员推测火星可能两次被海洋覆盖过：一次是 40 亿年前，当温暖的气候盛行时；另一次是 30 亿年前，当地下的冰融化时。

"火星快车"号环绕火星飞行想象图

伦敦科学博物馆中的"小猎犬"2号

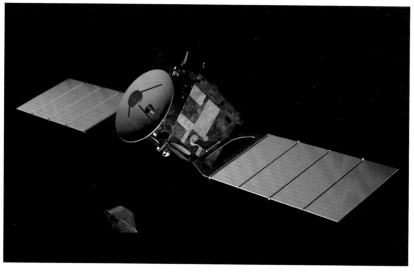

"小猎犬"2号离开"火星快车"号

# 欧洲环境卫星

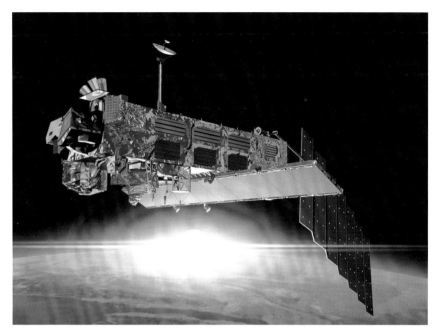

欧洲环境卫星（Envisat）是一款由欧洲航天局建造的地球观测卫星。

## 研发历史

欧洲环境卫星在 2002 年 5 月 1 日由"亚利安娜" 5 号火箭搭载发射至太阳同步两极轨道上 790 千米左右的高空。该卫星每 101 分钟绕地球一圈，每 35 天一个周期。

## 性能解析

欧洲环境卫星搭载了九款地球观测装备，能利用各种不同的测量仪器，收集关于地球的

| 基本参数 | |
|---|---|
| 重量 | 8211 千克 |
| 功率 | 6500 瓦 |
| 半长轴 | 7144.9 千米 |
| 离心率 | 0.00042 |
| 轨道倾角 | 98.4° |
| 远地点 | 772 千米 |
| 近地点 | 774 千米 |
| 周期 | 100.16 分钟 |

各项资讯。现在欧洲航天局在网上发布的由欧洲环境卫星拍摄的最新照片，只有被阳光照射到的地方才能实时看到。

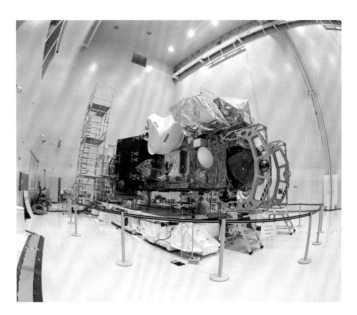

完整的欧洲环境卫星系统

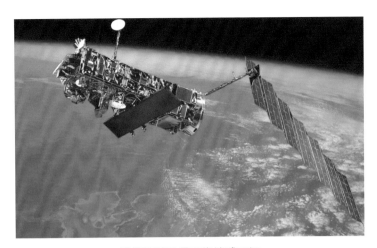

欧洲环境卫星环绕地球飞行

欧洲环境卫星上方特写

# 欧洲"哨兵"1号

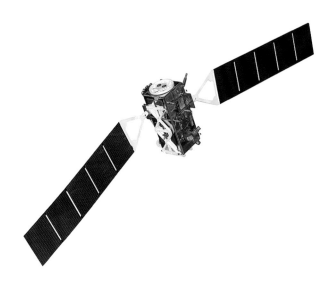

"哨兵"1号（Sentinel-1）是欧洲航天局"哥白尼计划"（GMES）中的地球观测卫星。

## 研发历史

2010年3月12日，欧洲航天局和意大利泰莱斯阿莱尼亚空间公司（Thales Alenia Space）签署了一项价值2.7亿欧元的合同，用以建造一个"哨兵"1A号双星系统。第一颗"哨兵"1号在2014年2月25日抵达法属圭亚那库罗发射场，在2014年4月3日由"联盟"号火箭发射升空。

| 基本参数 | |
|---|---|
| 重量 | 2300千克 |
| 功率 | 5900瓦 |
| 运行高度 | 693千米 |
| 运载火箭 | "联盟"号 |
| 运行时间 | 7.25年 |
| 周期 | 96分钟 |

## 性能解析

"哨兵"1号携带1个12米长的C波段合成孔径雷达（SAR）天线，并安装有2块10米长的太阳能电池板。"哨兵"1A卫星将与2015年发射的第二颗卫星"哨兵"1B协同工作。它携带的高科技仪器使它即使在多云或天黑的情况下仍然能记录地球表面的雷达图像。

"哨兵"1号环绕地球飞行

"哨兵"1号卫星进行射频测试

"哨兵"1号填充燃料

# 欧洲"哨兵"2 号

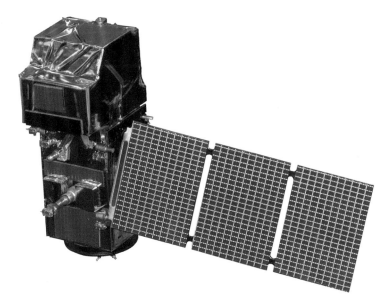

"哨兵"2 号（Sentinel-2）是欧洲航天局哥白尼计划下的一个地球观测任务，主要对地球表面进行观测并提供相关的遥测服务。

## 研发历史

第一颗"哨兵"2A 号卫星已于 2015 年 6 月 23 日以"织女星"运载火箭发射升空。第二颗卫星"哨兵"2B 号将于 2017 年 3 月 7 日同样以"织女星"运载火箭发射。"哨兵"2 号的两颗卫星将在同一轨道的相对两端进行任务。

| 基本参数 | |
|---|---|
| 重量 | 1140 千克 |
| 功率 | 1700 瓦 |
| 建造数量 | 2 颗 |
| 运载火箭 | "织女星" |
| 使用年限 | 7 年 |

## 性能解析

"哨兵"2 号搭载有多光谱影像仪（Multi-Spectral Instrument, MSI）。该影像仪可拍摄涵盖可见光、近红外线与短波红外线的 13 个波段影像。该影像仪以推扫式拍摄，影像幅宽达到 290 千米，并且能够取得高几何与光谱分辨率的影像。

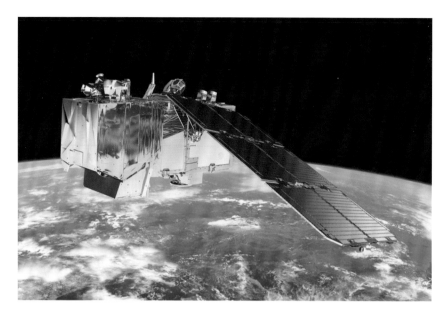

"哨兵" 2 号环绕地球飞行

"哨兵" 2 号进行测试

"哨兵" 2 号集成在 IABG 的设施上

# 欧洲"依巴谷"号

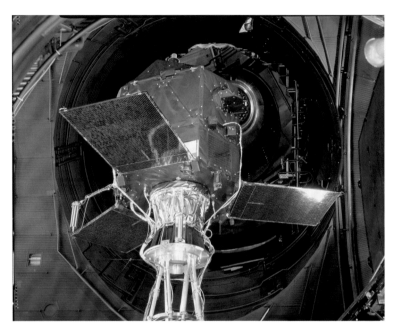

"依巴谷"（High Precision Parallax Collecting Satellite，Hipparcos）全称为"依巴谷高精视差测量卫星"，是欧洲航天局发射的一颗天体测量卫星。

## 研发历史

"依巴谷"号卫星于1989年8月8日由"亚利安娜"4号火箭运载升空。它本应在地球同步轨道上运作，但因助推火箭失效，卫星只到达近地点500.3千米、远地点35797.5千米的椭圆轨道。

| 基本参数 | |
|---|---|
| 重量 | 1140 千克 |
| 功率 | 295 瓦 |
| 离心率 | 0.72 |
| 轨道倾角 | 6.84° |
| 近地点 | 500.3 千米 |
| 远地点 | 35797.5 千米 |
| 周期 | 636.9 分钟 |

## 性能解析

在"依巴谷"卫星的测量数据中，在某些天区至少有大约1毫角秒的系统误差。利用"依巴谷"卫星数据所推算的昴星团距离，比采用其他量天方法得出的距离要短10%。

"依巴谷"号进行测试

# 欧洲/俄罗斯"火星微量气体任务"卫星

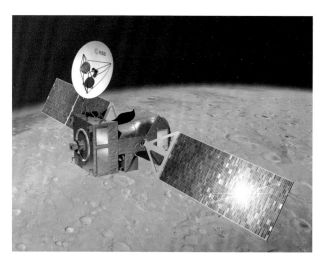

"火星微量气体任务"卫星（ExoMars Trace Gas Orbiter）是欧洲航天局（ESA）和俄罗斯联邦航天局（Russian Federal Space Agency）合作的专案计划。

## 研发历史

各国科学家的观测与试验已经证明火星大气中存在少量甲烷，这可能说明火星上有微生物的存在，或有火山活动等化学过程的痕迹。为了确定火星大气中甲烷的来源，促使欧洲航天局和俄罗斯联邦航天局合作发射卫星以探测研究火星表面的生物活动或地质起源。2016年3月14日，"质子"号火箭运载微量气体任务卫星发射升空。

| 基本参数 | |
| --- | --- |
| 重量 | 3.732 千克 |
| 功率 | 2000 瓦 |
| 离心率 | 0 |
| 轨道倾角 | 74° |
| 近地点 | 400 千米 |
| 远地点 | 400 千米 |
| 周期 | 120 分钟 |

## 性能解析

火星微量气体任务卫星将发射斯基亚帕雷利 EDM 登陆器，然后绘制火星大气层地图。这次任务的主要目的是：了解甲烷和其他气体，它们可能是生物或地质活动的证据。表面科学平台及 ExoMars 火星漫游车预计于 2020 年发射，它们将搜索生物分子和生物信号，"火星微量气体任务"卫星将作为地球及火星登陆器和探测器通信连接。

搭载"火星微量气体任务"卫星的"联盟"号运载火箭发射升空

"火星微量气体任务"卫星进行测试

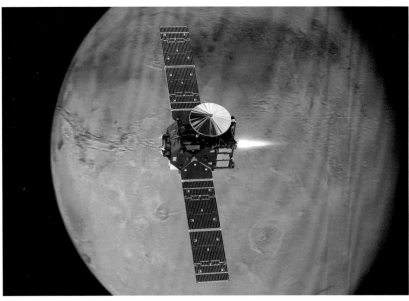

"火星微量气体任务"卫星环绕火星飞行

# 欧洲"普罗巴"5 号

"普罗巴"5 号（Proba 5）作为欧洲航天局"通用支持技术计划"(GSTP) 的技术演示卫星，主要用来验证其平台适合小型科研和应用任务。

## 研发历史

欧洲航天局表示，以前欧洲卫星监测地球植物的重任一直由法国的 Spot-4 和 Spot-5 卫星承担，它们携带的观测工具十分强大，其多谱段卫星扫描带宽达 2250 千米。但法国今后发射的卫星将不再携带植物观测仪器，因此欧洲航天局希望通过"普罗巴"5 号卫星"补位"。"普罗巴"5 号卫星是由比利时维赫特 (Verhacrt) 公司制造，并于 2013 年 5 月 7 日发射升空。

| 基本参数 | |
|---|---|
| 重量 | 158 千克 |
| 半长轴 | 7193.71 千米 |
| 离心率 | 0.0004747 |
| 轨道倾角 | 98.68° |
| 近地点 | 819 千米 |
| 远地点 | 826 千米 |
| 周期 | 101.21 分钟 |

## 性能解析

"普罗巴"5 号卫星的主要目的是对地球植物生长情况进行监测。为此，工程技术人员需要将它携带的摄像仪器缩小 10 倍，把玻璃透镜换成更加轻便的铝镜，并将原本独立的 3 个望远镜合为一体。

"普罗巴" 5号卫星上方特写

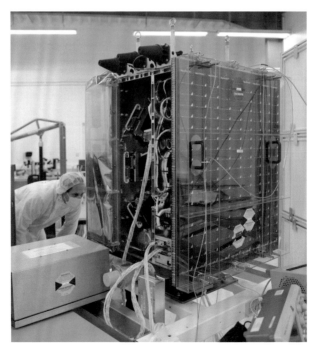

"普罗巴" 5号卫星进行测试

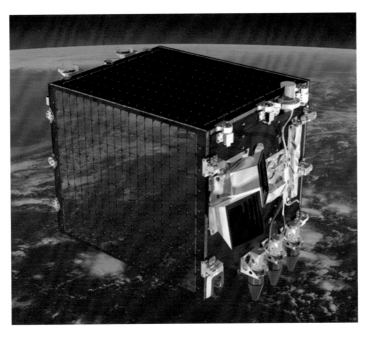

"普罗巴" 5 号在太空飞行想象图

# 加拿大"云雀"1号

"云雀"1号（Alouette 1）是加拿大的第一颗人造卫星。

## 研发历史

加拿大太空局对探索太空计划十分积极，对例如外太空、行星和航空技术研究以及发展火箭和卫星科技等都表现出极大的兴趣。1962年，在"云雀1号"成功升空之后，加拿大便成了第三个能自行研发，建造和发射人造卫星到太空的国家，位置仅次于当时的苏联和美国。

| 基本参数 | |
| --- | --- |
| 重量 | 145.6千克 |
| 半长轴 | 7381千米 |
| 离心率 | 0.0023678 |
| 轨道倾角 | 80.5° |
| 近地点 | 996千米 |
| 远地点 | 1032千米 |
| 周期 | 105.18分钟 |

## 性能解析

"云雀"1号主要被用来研究电离层，曾使用超过700种不同的无线电频率调查其属性。

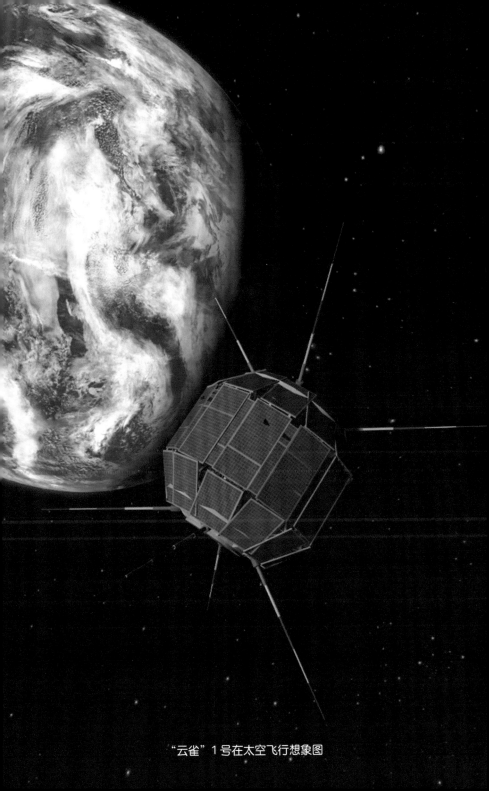

"云雀"1号在太空飞行想象图

# 德国重力恢复及气候实验卫星

重力恢复及气候实验卫星（Gravity Recovery and Climate Experiment，GRACE）是一项由 NASA 与德国宇航中心（DLR）合作的任务，该任务使用的是一对双卫星。

## 研发历史

GRACE 项目最初于 1996 年由美国得克萨斯州大学奥斯汀分校空间研究中心（Center for Space Research，UTCSR）、德国地球科学研究中心（GFZ）与 NASA 的喷射推进实验室共同提出，隔年被选为 NASA "Earth System Science Pathfinder"（ESSP）项目的第二飞

| 基本参数 | |
|---|---|
| 重量 | 487 千克（单颗） |
| 半长轴 | 7381 千米 |
| 离心率 | 0.001 |
| 轨道倾角 | 89° |
| 近地点 | 483 千米 |
| 远地点 | 508 千米 |
| 周期 | 91 分钟 |

行项目。GRACE 从 2002 年于俄罗斯的普列谢茨克航天发射场通过"呼啸"号运载火箭发射以来一直运作至今。

## 性能解析

相比于早期对地球重力场的观测，从 GRACE 卫星得到的数据所测绘出的重力场地图精度比以往高出 100 ～ 1000 倍，每 30 天能测绘出一次全球重力场分布地图，地图通常会被制作成外形不规则的三维电脑图形，以便凸显地球质量和重力的细微变化。此外，这些数据也有助于科学家在海洋学、水文学、冰川学、地质学及全球气候方面的研究。

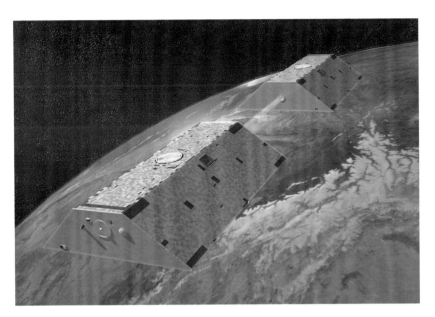

重力恢复及气候实验卫星概念图

# 美国 / 英国 / 日本 "日出" 卫星

"日出"号卫星（Hinode）是美国、英国和日本联合研制的一颗太阳探测卫星，原名 Solar-B。

## 研发历史

"日出"卫星于 2006 年 9 月 22 日在日本九州的内之浦航天中心发射升空。"日出"卫星的主要目的是观测太阳磁场的精细结构，研究太阳耀斑等剧烈的爆发活动，拍摄高质量的太阳图片。

| 基本参数 | |
| --- | --- |
| 重量 | 700 千克 |
| 运载火箭 | M-V |
| 近地点 | 686 千米 |
| 远地点 | 280 千米 |

## 性能解析

"日出"卫星上搭载的三个主要科学仪器包括：太阳光学望远镜，口径为 0.5 米，配备了矢量磁像仪；X 射线望远镜，当它在指向太阳盘面的中心时，能够捕捉全日图像；还有极紫外成像摄谱仪，配合"日出"卫星拍摄高质量图片。

# 伊朗"希望"号

"希望"号（Omid）是伊朗首颗自行研制的人造卫星。

## 研发历史

伊朗国家电视台 2009 年 2 月 2 日报道伊朗成功发射了一颗用于科研和通信的数据处理人造卫星。伊朗自行研制的"信使"2 号（Safir）运载火箭发射升空后，"希望"号卫星已经被送入低地轨道。这是伊朗的第二颗在轨卫星，

| 基本参数 | |
| --- | --- |
| 重量 | 27 千克 |
| 轨道倾角 | 55.5° |
| 近地点 | 252.7 千米 |
| 远地点 | 383.8 千米 |
| 周期 | 90.7 分钟 |

第一颗是 2005 年俄罗斯为伊朗制造并发射的一颗名为"Sina-1"的卫星。

## 性能解析

"希望"号卫星为了避免飞跃邻国采用的发射方向是东南方，越过印度洋，轨道倾角为 55.5°。该卫星每 24 小时环绕地球 15 圈，携带遥感、遥测、数据处理、卫星控制和远程通信等系统，主要用于收集技术、农业和经济发展项目所需数据和测试设备。

"希望"号卫星在太空运行想象图

# 第 3 章
# 空 间 站

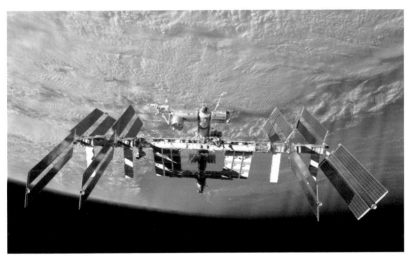

　　空间站又称太空站、航天站、轨道站。它是一种在近地轨道长时间运行，可供多名航天员巡访、长期工作和生活的载人航天器。空间站分为单一式和组合式两种。单一式空间站可由航天运载器一次发射入轨，组合式空间站则由航天运载器分批将组件送入轨道，在太空中组装而成。

# 国际空间站

国际空间站（International Space Station）由 15 个国家共同建设，主要用于科学技术研究。

## 研发历史

1983 年，美国总统里根提出了国际空间站的设想，经过十多年的探索、研发和实验，直到 1993 年才完成设计。1998 年 11 月 20 日，由美国、俄罗斯打造的国际空间站的第一个组件——"曙光"号功能货舱成功发射了，标志着国际空间站进入了初期的装配阶段。同年 12 月 4 日，国际空间站的第二个组件——"团结"号节点舱，被美国"奋进"号航天飞机送入轨道，并于 6 日成功地与"曙光"号对接。2000 年 7 月 12 日，国际空间站的核心组件"星辰"号服务舱发射入轨，同年 11 月 2 日，首批 3 名宇航员进驻空间站。

| 基本参数 | |
| --- | --- |
| 重量 | 419.55 吨 |
| 长度 | 72.8 米 |
| 宽度 | 108.5 米 |
| 高度 | 20 米 |
| 加压空间 | 916 立方米 |
| 近地点 | 347 千米 |
| 远地点 | 360 千米 |
| 轨道倾角 | 51.6° |
| 周期 | 91 分钟 |

## 性能解析

国际空间站结构复杂，可分为多个舱，其中，"星辰"号服务舱由俄罗斯承建，是国际空间站的核心舱，长 13 米，宽 30 米，重 19 吨，造价为 3.2 亿美元。

该舱由过渡舱、生活舱和工作舱共 3 个密封舱和一个用来放置燃料桶、引擎和通信天线的非密封舱组成。生活舱中设有供宇航员洗澡和睡眠的单独房间，舱内还有带冰箱的厨房、餐桌、供宇航员锻炼身体的运动器械。此外，舱体上还设计有 14 个舱窗，可供宇航员眺望浩瀚的星空。

在天文观测方面，国际空间站是了解宇宙天体位置、分布、运动结构、物理状态、化学组成及其演变规律的重要手段。因为有人参与观测，再加上机动的观察测定方法，因而可充分发挥仪器设备的作用。

"星辰"号服务舱上看到的日出

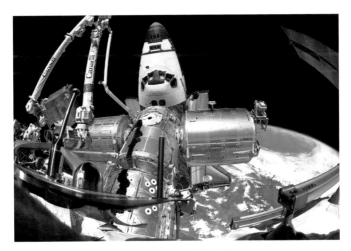

国际空间站上的实验室

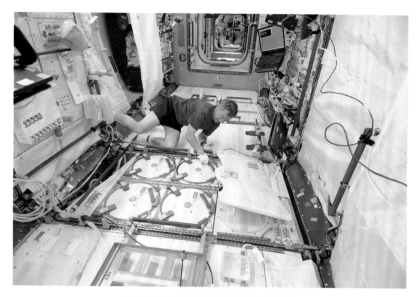

国际空间站上的宇航员在储存样本

宇航员在建设综合桁架结构

# 苏联"礼炮"1号

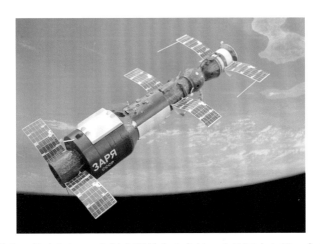

"礼炮"1号（Salyut 1）是苏联首个太空站，也是历史上第一个太空站。

## 研发历史

　　"礼炮"1号原为礼炮计划的一部分，苏联曾想借由"联盟"10号运送太空人进入"礼炮"1号，不过由于泊接机件问题，"联盟"10号并没有成功。随后，苏联派出第二艘太空船"联盟"11号与太空站对接，太空人在太空站内逗留了23天。不过在"联盟"11号返回地球的时候，返回舱的均压均衡阀过早开启，3位太空人因此身亡。后来"礼炮"1号在1971年10月11日在大气层中被烧毁。

| 基本参数 | |
| --- | --- |
| 重量 | 18.9 吨 |
| 长度 | 15.8 米 |
| 宽度 | 4 米 |
| 加压空间 | 99 立方米 |
| 近地点 | 200 千米 |
| 远地点 | 222 千米 |
| 轨道倾角 | 51.6° |
| 周期 | 88.5 分钟 |

## 性能解析

　　"礼炮"1号的用途是测试太空站的系统组件，做一些科学实验。"礼炮"1号是从"金刚石"系列军用空间站其中的一个机身修改而来。其主体部分包括：传送舱，直接与太空站连接，泊接口是呈圆锥形，前面宽2米，后面宽3米；主舱，直径大约4米。空间可以容纳8张座椅、7个工作台、数个控制板和20个舷窗（有一些并没有被仪器阻挡）；辅助舱包含了控制和通信装置、电力供应、维生系统与其他辅助装置。

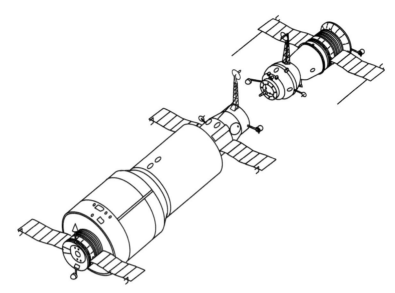

"联盟"号（前）与"礼炮"1号（后）对接示意图

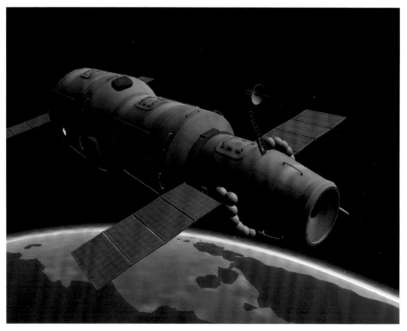

"礼炮"1号3D制作图

# 苏联"礼炮"2 号

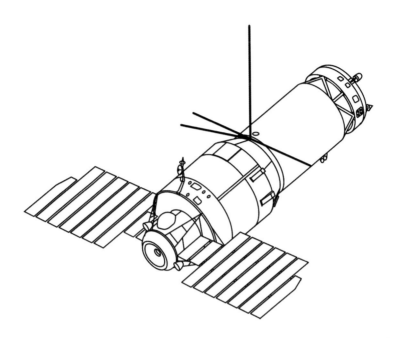

"礼炮"2 号 (Salyut 2) "金刚石计划"的一部分,但对外宣称属于"礼炮计划"。

## 研发历史

　　"礼炮"2 号空间站于 1973 年发射升空,是苏联发射升空的第一艘"金刚石"军事空间站。在发射升空两周内,空间站因为失去高控制以及发生减压而被遗弃。"礼炮"2 号于 1973 年 5 月 28 日返回,飞行期间没有宇航员造访。

## 性能解析

　　"礼炮"2 号尾端有一个对接口可以让"联盟"号飞船向空间站运送宇航员。安装在空间站尾部对接口附近的两片太阳能电池阵列主要用于向空间站提供电力,可以产生 3120 瓦的电力。

| 基本参数 | |
|---|---|
| 重量 | 18.5 吨 |
| 长度 | 14.55 米 |
| 宽度 | 4.15 米 |
| 加压空间 | 99 立方米 |
| 近地点 | 257 千米 |
| 远地点 | 278 千米 |
| 轨道倾角 | 51.6° |
| 周期 | 89.8 分钟 |

# 苏联"礼炮"3 号

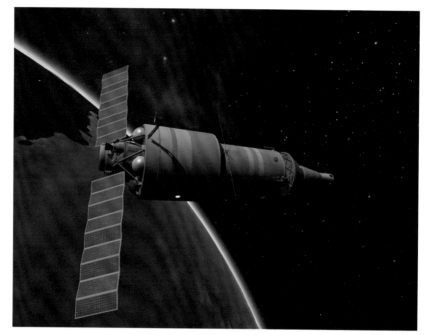

"礼炮" 3 号 (Salyut 3) 是金刚石计划中第二艘军事侦察用空间站，也是第一艘被成功发射的此类空间站。

## 研发历史

"礼炮" 3 号于 1974 年 6 月 25 日发射。它被归为 "礼炮计划" 的一部分，用来隐瞒它的军事用途。因为其军事用途，苏联并不愿公开 "礼炮" 3 号空间站的设计以及执行的任务等信息。

## 性能解析

| 基本参数 | |
| --- | --- |
| 重量 | 18.9 吨 |
| 长度 | 14.55 米 |
| 宽度 | 4.15 米 |
| 加压空间 | 90 立方米 |
| 近地点 | 219 千米 |
| 远地点 | 270 千米 |
| 轨道倾角 | 51.6° |
| 周期 | 89.1 分钟 |

尽管只有很少的官方资料被公布，但从中可以了解到 "礼炮" 3 号装备有多个地球观测相机，甚至还有机枪。"礼炮" 3 号空间站于 1975 年 1 月 24 日脱轨并且重返大气层。

# 苏联"礼炮"6号

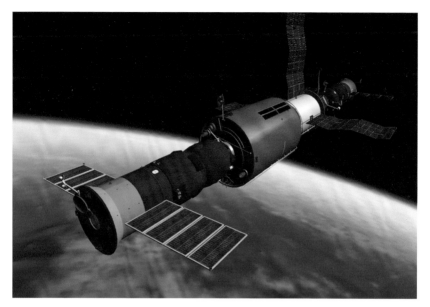

"礼炮"6号（Salyut 6）是苏联近地轨道太空站，属于"礼炮计划"的一部分。

## 研发历史

　　"礼炮"6号空间站在 1977 年 9 月 29 日发射。原设计寿命为 1.5 年，但实际上它在轨道上运行了 4 年 10 个月，属于第二代空间站。"礼炮"6号先后对接过 12 艘"进步"号货运飞船、16 艘"联盟"号载人飞船，共接待过 16 批 33 人次航天员进入站。

## 性能解析

| 基本参数 | |
|---|---|
| 重量 | 19.8 吨 |
| 长度 | 15.8 米 |
| 宽度 | 4.15 米 |
| 加压空间 | 90 立方米 |
| 近地点 | 219 千米 |
| 远地点 | 275 千米 |
| 轨道倾角 | 51.6° |
| 周期 | 89.1 分钟 |

　　"礼炮"6号由生活区和设备区组成，内部密封容积约 90 立方米。它有两个对接舱，一个是与载人飞船对接使用，一个是与货运飞船对接使用。

宇航员在"礼炮"6 号上工作

# 苏联 "礼炮" 7 号

"礼炮" 7 号（Salyut 7）是苏联 "礼炮计划" 中最后一个太空站。

## 研发历史

"礼炮" 7 号是苏联 "礼炮计划" 的成果之一，于 1982 年 4 月至 1992 年 2 月在近地轨道运行。1982 年 4 月 19 日，经由 "质子" 号运载火箭发射进入近地轨道。"礼炮" 7 号的后继者为 "和平" 号太空站。

## 性能解析

"礼炮" 7 号空间站的构造与 "礼炮" 6 号基本相同，站内为航天员准备了新型航天服和专用修理工具，使航天员可在站上任何部位进行维修，更换部件。1984 年 "礼炮" 7 号还创造了 3 名航天员在太空连续飞行 237 天的最高纪录。

| 基本参数 | |
|---|---|
| 重量 | 19.8 吨 |
| 长度 | 16 米 |
| 宽度 | 4.15 米 |
| 加压空间 | 90 立方米 |
| 近地点 | 219 千米 |
| 远地点 | 278 千米 |
| 轨道倾角 | 51.6° |
| 周期 | 89.2 分钟 |

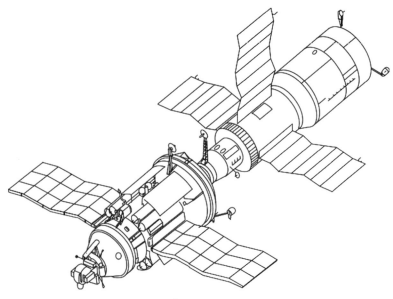

"礼炮"7号示意图

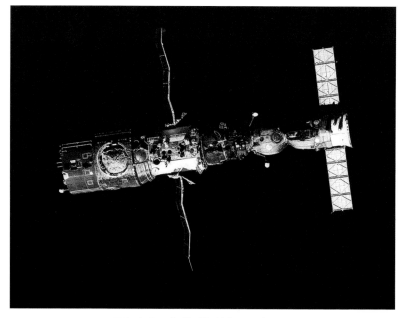

正在太空工作的"礼炮"7号空间站

# 苏联"和平"号

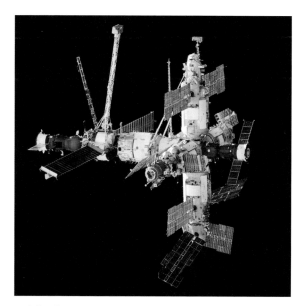

"和平"号空间站（Mir Space Station）是苏联建造的第三代空间站，是世界上第一个多舱空间站。

## 研发历史

1986 年 2 月 20 日凌晨，"质子"号运载火箭将"和平"号空间站主体发射升空。1986 年 3 月 13 日，苏联发射了载有多名宇航员的"联盟"T–15 飞船。15 日，宇航员基齐姆和索洛维耶夫驾驶飞船同"和平"号空间站对接，他们的主要任务是对空间站进行全面检查。1987 年 3 月 31 日，苏联用"质子"号运载火箭发射了第一个实验舱——"量子"1 号，随后，开始了"和平"号空间站的组装。

| 基本参数 | |
| --- | --- |
| 重量 | 129.7 吨 |
| 长度 | 31 米 |
| 宽度 | 27.5 米 |
| 高度 | 19 米 |
| 加压空间 | 350 立方米 |
| 近地点 | 350 千米 |
| 远地点 | 400 千米 |
| 轨道倾角 | 51.6° |
| 周期 | 88.15 分钟 |

## 性能解析

"和平"号空间站采用组合式积木结构（主体仍然是段舱结构），由 4 个基本部分组成：球形增压转移舱，直径 2.2 米，上面装有 5 个直径 0.8 米的对接窗口，径向 1 个，侧部对称 4 个；增压工作舱，这是空间站的主体，总长为 7.67 米，两个柱形段的直径分别为 2.9 米和 4.2 米；动力舱，位于空间站尾部，除装有主引擎和推进剂外，还装有天线、探照灯、无线电通信天线等；增压转移对接器，长 1.67 米，直径 2 米，位于服务 – 动力舱中央，提供了第 6 个对接通道。

在太空工作的"和平"号空间站

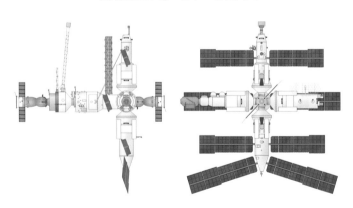

"和平"号空间站示意图

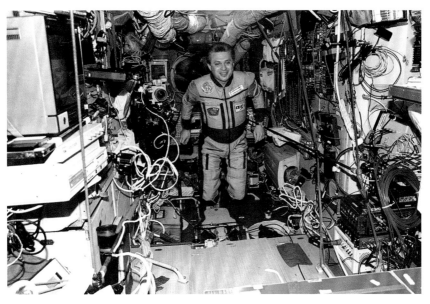

"和平"号空间站内部核心模块

宇航员在"和平"号空间站过圣诞节

# 美国"天空实验室"2号

"天空实验室"2号（Skylab 2）是美国"天空实验室计划"的首次载人航天任务。

## 研发历史

"天空实验室"2号是人类第一次成功地将宇航员送上位于地球轨道的太空站，并顺利返回。1985年7月29日，"天空实验室"2号由"挑战者"号航天飞机运到佛罗里达州的肯尼迪航天中心成功发射。

| 基本参数 | |
| --- | --- |
| 重量 | 114.59 吨 |
| 轨道高度 | 320 千米 |
| 近地点 | 312.1 千米 |
| 远地点 | 321.1 千米 |
| 轨道倾角 | 49.5° |
| 周期 | 90.9 分钟 |

## 性能解析

"天空实验室"太空站系列的主要目的是为发展下一代用太空船运载的太空站作技术准备，并进行空间科学和工艺方面的实验，特别是考察长时间太空飞行对人体的影响，此外，也进行一些军事应用研究。

"天空实验室" 2 号发射升空

"天空实验室"2号指挥舱

陈列在博物馆的"天空实验室"2号指挥舱

# 美国"天空实验室"3号

"天空实验室"3号（Skylab 3）是"天空实验室计划"的第二次载人航天飞行的空间站。

## 研发历史

"天空实验室"3号于1973年7月28日由"土星"1B号运载火箭发射，运载3名宇航员，共飞行59天11小时9分钟。"天空实验室"3号使用的"阿波罗"指挥舱目前位于克利夫兰格伦研究中心的访问者中心展出。宇

| 基本参数 | |
|---|---|
| 重量 | 20.121 吨 |
| 最大高度 | 440 千米 |
| 近地点 | 423 千米 |
| 远地点 | 441 千米 |
| 轨道倾角 | 50° |
| 周期 | 93.2 分钟 |

航员们在"天空实验室"3号上进行医学实验、太阳观察、地球资源探索和其他科学试验，共计1084.7小时宇航员应用小时。

## 性能解析

"天空实验室"3号继续了"天空实验室"2号的医学实验来研究人类生理对太空飞行的适应。在核心研究中宇航员除了进行了在"天空实验室"2号的实验，而且还结合了2号的结果进行了下一步研究。"天空实验室"3号上拍摄的照片显示了明显的体液向头部流的现象，因此增添了躯干和腰的测量。其他新的测试包括测试动脉血流、在起飞前和起飞间拍摄面部照片、静脉情况、血红蛋白、尿量的测量。这些测量收集了体液分布和平衡的数据，使得医学家能够更好地理解体液分布的现象。生物学实验包括微重力对鼠、果蝇、单个细胞和细胞培养基的影响。实验中使用的人体细胞是肺细胞。动物实验包括对鼠的生物钟的研究和黑腹果蝇昼夜节律的研究。但是由于起飞30分钟后的一次停电事故使得所有动物死亡，因此实验不成功。

"天空实验室" 3 号使用的 "阿波罗" 指挥舱

"天空实验室"3号上3位宇航员合影

"天空实验室"3号宇航员拍摄的照片

# 第 4 章
# 宇宙飞船

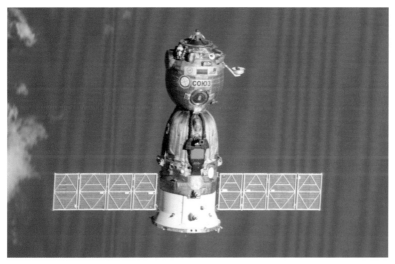

　　飞船又称为宇宙飞船，是一种一次性使用的航天器（随着科学技术的发展，现在可以多次往返使用）。它能基本保证宇航员在太空短期生活并进行一定的工作。它的运行时间一般是几天到半个月，一般有 2 ～ 3 名乘员。宇宙飞船与返回式卫星有相似之处，但为了满足载人的条件，因此增加了许多特殊系统，以满足宇航员在太空工作和生活的多种需要。

# 美国"双子座"1号

    "双子座"1号（Gemini 1）是美国国家航空航天局"双子座计划"中的第一次无人飞行任务。

## 研发历史

    "双子座"1号于1964年4月8日发射，其主要任务是测试第二代航天飞船和改自洲际弹道导弹的"大力神"2号运载火箭的结构完善性。

## 性能解析

| 基本参数 | |
| --- | --- |
| 重量 | 3187千克 |
| 乘员 | 0人 |
| 近地点 | 155千米 |
| 远地点 | 271千米 |
| 轨道倾角 | 32.5° |
| 周期 | 88.76分钟 |
| 任务时间 | 3天23小时 |

    "双子座"1号飞船结构采用分舱段布局的原则，每个分系统的所有部件都放置在一个紧凑的舱体内，便于检查和组装又便于出故障时更换。无人驾驶的"双子座"1号主要用于轨道飞行测试，因此并不回收处置。

"双子座" 1 号由 "大力神" 2 号搭载升空

# 美国"双子座"3号

"双子座"3号（Gemini 3）是"双子座计划"中的第一次载人飞行任务，也是美国的第一次双人太空任务。

## 研发历史

"双子座"3号太空飞船于1965年3月23日成功发射，飞行距离达到128748千米。飞行中航天员启动推进器改变自己的轨道形状，实施了倾角的微小改变。

## 性能解析

| 基本参数 | |
| --- | --- |
| 重量 | 3236.9 千克 |
| 乘员 | 2 人 |
| 近地点 | 161 千米 |
| 远地点 | 225 千米 |
| 轨道倾角 | 32.6° |
| 周期 | 88.35 分钟 |
| 任务时间 | 4 小时 52 分钟 31 秒 |

"双子座"3号飞船采用燃料电池，这种电池具有结构简单、紧凑，耐冲击和振动小，体积小、重量轻、功率高等特点。另外，"双子座"3号采用弹射座椅作为紧急救生手段，在发射阶段和着陆阶段可为航天员提供一种有效的救生手段。

"双子座" 3 号飞船的宇航员

"双子座" 3 号准备发射

# 美国"天龙"号

"天龙"号（Dragon）飞船由私人太空企业美国太空探索技术公司研发，目前是全球屈指可数的商用飞船之一，也是世界上第一艘由私人公司研发的载人飞船。

## 研发历史

美国航天飞机在2011年退役后，导致美国航天局要依靠俄罗斯的"联盟"号飞船搭载宇航员进入国际空间站。为了摆脱这一尴尬局面，美国航天局开始鼓励私人企业研发往返国际空间站和地面的"太空巴士"。在众多竞争的私人企业中，美国太空探索技术公司脱颖而

| 基本参数 | |
| --- | --- |
| 重量 | 4200 千克 |
| 乘员 | 7 人 |
| 高度 | 6.1 米 |
| 直径 | 3.7 米 |
| 侧壁角度 | 15° |
| 发射载荷 | 3310 千克 |
| 返回载荷 | 2500 千克 |

出，并带来了他们的产品——"天龙"号飞船。该飞船经测试之后，能与美国航天研发的飞船相媲美，随后得到了美国航天局的大力扶持。美国航天局与太空探索技术公司签订了一份价值16亿美元的合同，未来"天龙"号将至少为美国航天局执行12次飞行任务，并为空间站运送补给物资。

## 性能解析

2013年3月3日，一名航天专家说，美国的"天龙"号飞船的结构要比其他飞船一些简单，并且"天龙"号飞船无法搭载宇航员，此外，"天龙"号飞船的几次发射都或多或少存在一些问题。

由加拿大臂悬挂住的"天龙"号飞船

"天龙"号飞船正面特写

"天龙"号飞船示意图

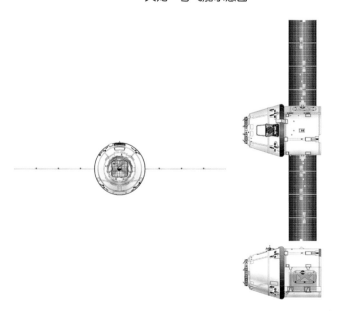

"天龙"号飞船三视图

# 美国"猎户座"号

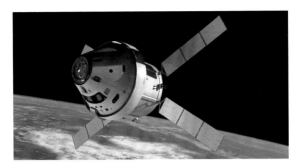

"猎户座"号（Orion）飞船是美国航天局"星座计划"的一个组成部分，它与美国航天局过去的载人飞船不同的是增加了两个太阳能电池板。

## 研发历史

自从 2003 年 2 月 1 日"哥伦比亚"号航天飞机失事后，美国航天局开始反思航天技术的现存问题，以便在日后能够更好地对太空进行探索。2004 年 1 月 14 日，美国总统乔治·沃克·布什对外宣布了太空探索远景计划——"星座计划"，该计划的一个次要目标就是要在

| 基本参数 | |
| --- | --- |
| 重量 | 21250 千克 |
| 乘员 | 2～6 人 |
| 直径 | 5 米 |
| 高度 | 3.3 米 |
| 运载火箭 | "战神"号 |
| 首次任务 | 2021 年（计划） |

2008 年开始研发并测试新一代航天飞船，然后在 2014 年之前实施其首次载人航天任务。

"载人探索飞行器"将替代退役的航天飞机，将宇航员及科学家运送到空间站中，但其主要目标是将宇航员运送到地球轨道之外的其他地方。在美国航天局设计师的科研下，一种新款航天飞船诞生了，它就是"猎户座"飞船。

## 性能解析

"猎户座"飞船的载人及服务模块主要包括 1 个圆锥形的载人舱以及 1 个圆柱形的服务舱，这两者都是根据"阿波罗"飞船改进而来，另外，它们还参考了航天飞机计划中所衍生出来的新型技术。虽然"猎户座"飞船载人舱使用了较为完善的新技术：首先是自动对接系统，该系统允许在紧急情况下由宇航员全权控制；其次是安装了一个比之前任何载人飞船都更加先进的计算机系统；最后是对废弃物管理设备进行了改进，包括 1 个微型野营式马桶，以及 1 个在航天飞机和国际空间站中已投入使用的不分性别的"便溺管"。

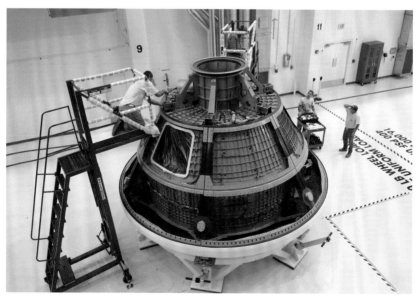

"猎户座"号飞船进行地面测试

"猎户座"号飞船的内部模型

"猎户座"号飞船在太空飞行想象图

# 美国"星尘"号

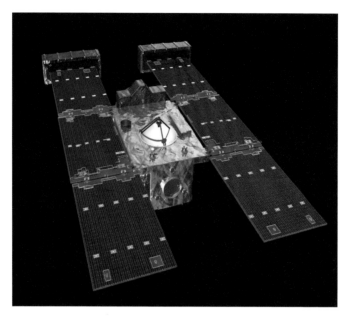

"星尘"号（Stardust）是一个由美国发射的行星际宇宙飞船，它的主要目的是探测维尔特二号彗星。

## 研发历史

"星尘"号于 1999 年 2 月 7 日在卡角发射升空。返回舱于 2006 年 1 月 15 日在美国犹他州大盐湖沙漠着陆，接近美军试验场公路，

| 基本参数 | |
| --- | --- |
| 重量 | 380 千克 |
| 功率 | 330 瓦 |
| 任务时间 | 12 年 1 个月 8 天 |
| 运载火箭 | "德尔塔" 2 号 |

以方便样品物资运输。2011 年 2 月 15 日，"星尘"号飞抵"坦普尔"1 号彗星进行考察，该彗星成为首颗人类重复造访的彗星。2011 年 3 月 24 日，"星尘"号主探测器耗尽燃料，关闭发射器。

## 性能解析

"星尘"号飞船由洛克希德·马丁宇航公司设计制造。这个轻量级飞船整合了不少组件。包括深度空间操纵使用的推进剂，飞船总重量 380 千克。主运载舱高度 1.7 米，大约与普通办公桌大小相当。

正在测试的"星尘"号太阳能电池阵列

"星尘"号飞船在太空飞行想象图

# 美国"阿波罗"1 号

　　"阿波罗"1 号（Apollo 1）是追溯给"阿波罗 – 土星 204"(AS–204) 的正式名称，原计划为第一批"阿波罗"太空船的第一次环绕地球轨道的载人飞行任务。

## 研发历史

　　由于错过了 1966 年冬季发射的机会，"阿波罗"1 号改为 1967 年首季发射。此次飞行任务的目的是测试"发射操作、地面追踪及控制设施，及阿波罗 – 土星的表现"。任务原计划长达 14 天。1967 年 1 月 27 日，当天并非计划发射，而是进行模拟发射，测试"阿波罗"

| 基本参数 | |
| --- | --- |
| 重量 | 20000 千克 |
| 乘员 | 3 人 |
| 近地点 | 230 千米（计划） |
| 远地点 | 300 千米（计划） |
| 轨道倾角 | 31°　（计划） |
| 周期 | 89.7 分钟（计划） |
| 任务时间 | 14 天（计划） |

太空船能否在不连接任何电线的情况下，单凭其内部供电来维持正常运作。如果太空船通过此测试及其后的测试，则代表太空船已为 1967 年 2 月 21 日的飞行准备就绪。但在此次模拟发射中，"阿波罗"1 号指令舱中突发大火，3 名宇航员全部丧生。

## 性能解析

　　火警发生后，"阿波罗计划"在得到重新设计前被暂停，其结果包括：发射时舱内空气为海平面气压，60% 为氧气，40% 为氮气；舱盖改为向外开启设计，并可在 10 秒内开启；舱内的易燃物料改为使用一些会自动熄灭物料；配管系统及电线均包上保护绝缘材料；尼龙宇航服改为使用带有涂层的玻璃纤维制宇航服。对于线路改进后的"阿波罗"13 号被证明是至关重要的。

宇航员准备登上"阿波罗"1号

被烧毁的"阿波罗"1号

# 美国"阿波罗"7 号

"阿波罗"7 号（Apollo 7）飞船是"阿波罗计划"中第一次载人飞行任务。

## 研发历史

1968 年 10 月 11 日"阿波罗"7 号在佛罗里达州肯尼迪航天中心成功发射。本次任务是"土星"1B 号运载火箭的首次载人发射，也是美国的第一次三人太空任务。"阿波罗"7 号的成功与否将决定美国国家航空航天局（NASA）对"阿波罗计划"的信心。

| 基本参数 | |
| --- | --- |
| 指令舱重量 | 14781 千克 |
| 登月舱重量 | 5175 千克 |
| 乘员 | 3 人 |
| 近地点 | 227 千米 |
| 远地点 | 301 千米 |
| 轨道倾角 | 31.6° |
| 周期 | 89.79 分钟 |
| 任务时间 | 10 天 20 小时 9 分钟 3 秒 |

## 性能解析

"阿波罗"7 号中使用的硬件以及所有的任务操作系统在整个任务中都没什么大问题。服务推进系统（SPS）以及几个关键的（航天器进入和离开月球轨道所使用的）推进器都成功地进行了几乎完美的 8 次点火。这次任务证明了"阿波罗"系列飞船能够在太空中完成任务的能力。

# 美国"阿波罗"8号

"阿波罗"8号（Apollo 8）是"阿波罗计划"中的第二次载人飞行任务。

## 研发历史

"阿波罗"8号是人类第一次离开近地轨道并绕月球航行的太空任务，同时还是"土星"5号火箭的第一次载人发射。美国国家航空航天局（NASA）针对"阿波罗"8号的准备工作只花了4个月时间。1968年12月21日，"阿波罗"8号在佛罗里达州肯尼迪航天中心成功发射。

| 基本参数 | |
|---|---|
| 指令舱重量 | 30320 千克 |
| 登月舱重量 | 16448 千克 |
| 乘员 | 3 人 |
| 近地点 | 184.4 千米 |
| 远地点 | 185.18 千米 |
| 轨道倾角 | 32.15° |
| 周期 | 88.19 分钟 |
| 任务时间 | 6 天 3 小时 42 秒 |

## 性能解析

"阿波罗"8号飞船由指挥舱、服务舱和登月舱3部分组成，发射时指令舱上方有逃逸塔。"阿波罗"8号乘员成为了第一批穿越范艾伦辐射带的人类。3名宇航员都穿戴了个人辐射放射量测定器以及3个胶片放射量测定器以显示累计辐射量。

"阿波罗" 8 号正在发射

"阿波罗" 8 号指挥舱

# 美国"阿波罗"10 号

"阿波罗"10 号（Apollo 10）是"阿波罗计划"中的第四次载人飞行任务，本次任务是第二次环绕月球的载人任务，首次将登月舱带入月球轨道进行测试。

## 研发历史

"阿波罗"10 号是人类首次带着一套完整的"阿波罗"航天器环绕月球，截至 2001 年，"阿波罗"10 号在 1969 年 5 月 26 日从月球返回地球途中以 11.08 千米/秒的速度创造了太空飞船的飞行速度纪录，同时也完成了人类航天史上第一个从太空发回彩色现场录像的任务。

| 基本参数 | |
|---|---|
| 指令舱重量 | 28834 千克 |
| 登月舱重量 | 13941 千克 |
| 乘员 | 3 人 |
| 近地点 | 184.5 千米 |
| 远地点 | 190 千米 |
| 轨道倾角 | 32.5° |
| 周期 | 88.1 分钟 |
| 任务时间 | 8 天 3 分钟 23 秒 |

## 性能解析

"阿波罗"10 号由指挥舱、服务舱和登月舱 3 个部分组成。指挥舱是宇航员在飞行中生活和工作的座舱，也是全飞船的控制中心。宇航员舱为密封舱，存有供宇航员生活 14 天的必需品和救生设备。后舱内装有 10 台姿态控制发动机，各种仪器和贮箱，还有姿态控制、制导导航系统以及船载计算机和无线电分系统等。服务舱前端与指挥舱对接，后端有推进系统主发动机喷管。主发动机用于轨道转移和变轨机动。姿态控制系统由 16 台火箭发动机组成，它们还用于飞船与第三级火箭分离、登月舱与指挥舱对接和指挥舱与服务舱分离等。

"阿波罗" 10 号飞船上拍摄的照片

# 美国"阿波罗"11 号

"阿波罗"11 号（Apollo 11）飞船是美国航天局第五次太空载人航空任务的载具。

## 研发历史

1966—1968 年，美国国家航空航天局（NASA）进行了六次不载人飞行实验，在近地轨道上鉴定飞船的指挥舱、服务舱和登月舱，试验登月舱的动力装置。1968—1969 年发射了"阿波罗"7 号、8 号、9 号飞船进行载人飞行实验，主要做环绕地

| 基本参数 | |
|---|---|
| 指令舱重量 | 30320 千克 |
| 登月舱重量 | 16448 千克 |
| 乘员 | 3 人 |
| 月表行走时间 | 2 小时 31 分钟 40 秒 |
| 月表停留时间 | 21 小时 36 分钟 20 秒 |
| 月球标本质量 | 21.55 千克 |
| 月球轨道时间 | 58 小时 30 分钟 25.79 秒 |
| 任务时间 | 8 天 13 小时 18 分钟 35 秒 |

球、月球飞行和登月舱脱离环月轨道的降落模拟实验、轨道机动飞行和模拟会合、模拟登月舱与指挥舱的分离和对接。1969 年 5 月 18 日发射的"阿波罗"10 号飞船进行了登月过程的演练飞行，绕月飞行 31 圈，2 名宇航员搭乘登月舱下降到离月面 15.2 千米的高度。1969 年，"阿波罗"11 号成功实现了约翰·肯尼迪在 1961 年 5 月 25 日的演说中声称美国会在 1970 年之前"把一名宇航员送到月球上并把他安全带回来"的目标。

## 性能解析

"阿波罗"11 号载人飞船由指挥舱、服务舱和登月舱 3 部分组成。指挥舱

是宇航员在飞行中生活和工作的座舱，也是全飞船的控制中心。该舱为圆锥形，高 3.2 米，重约 6 吨，最大直径 3.9 米，共分为前舱、宇航员舱和后舱三个部分。前舱内放置着陆部件、回收设备和姿态控制引擎等。宇航员舱为密封舱，存有供宇航员生活 14 天的必需品和救生设备。后舱内装有 10 台姿态控制引擎，各种仪器和贮箱，还有姿态控制、制导导航系统以及船载计算机和无线电子系统等。

"阿波罗" 11 号任务徽章

"阿波罗" 11 号登月舱

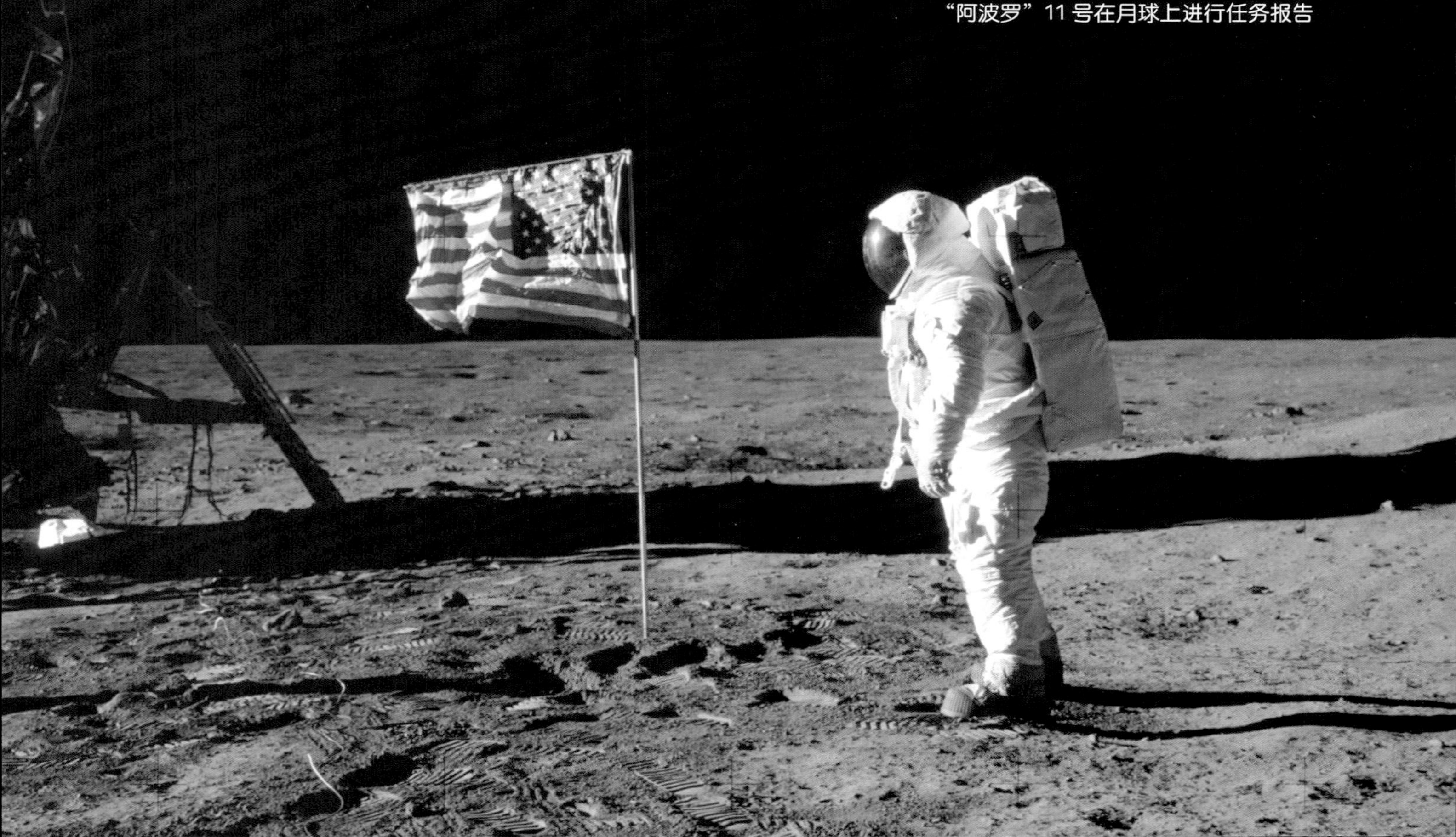

“阿波罗”11 号在月球上进行任务报告

# 美国"阿波罗"12 号

"阿波罗" 12 号（Apollo 12）是美国国家航空航天局（NASA）"阿波罗计划"中的第六次载人任务，也是人类第二次载人登月任务。

## 研发历史

1969 年 11 月，"阿波罗"12 号载人飞船 2 位宇航员皮特·康拉德 (Pete Conrad) 和艾伦·宾 (Alan Bean) 双双踏上月球的表面，这时距"阿波罗"11 号作为首个载人探月任务创造历史仅仅过去几个月时间。2 位宇航员在月球表面停留了 32 个小时。

## 性能解析

根据 NASA 探测器发回的最新照片显示，"阿波罗"12 号飞船及其宇航员在月球表面留下的活动痕迹清晰可见，这些痕迹足以证明美国人的确曾登月。在新图中，有注解的箭头显示了"阿波罗"12 号的零部件至今散落在一个称为"暴风海洋"(Ocean of Storms) 的广阔的月球熔岩平原。

| 基本参数 | |
|---|---|
| 指令舱重量 | 28838 千克 |
| 登月舱重量 | 15235 千克 |
| 乘员 | 3 人 |
| 近地点 | 185 千米 |
| 远地点 | 189.8 千米 |
| 轨道倾角 | 32.54° |
| 周期 | 88.16 分钟 |
| 任务时间 | 10 天 4 小时 36 分钟 24 秒 |

"阿波罗"12号任务徽章

"阿波罗"12号登月舱在月球上

# 美国"阿波罗"13 号

"阿波罗"13 号（Apollo 13）是美国"阿波罗计划"中第三次载人登月任务。

## 研发历史

　　"阿波罗"13 号于美国中部时间 1970 年 4 月 11 日 13:13 在佛罗里达州肯尼迪航天中心发射，指令长为吉姆·洛威尔（Jim Lovell），指令舱和登月舱的驾驶员分别为杰克·斯威格特（Jack Swigert）与弗莱德·海斯（Fred Haise）。发射后第二天，服务舱发生爆炸，"阿波罗"13 号受到重创。为了保证宇航员生命，地面控制中心下令"阿波罗"13 号放弃登月。为避免二次损害，"阿波罗"13

| 基本参数 | |
| --- | --- |
| 指令舱重量 | 28945 千克 |
| 登月舱重量 | 15235 千克 |
| 乘员 | 3 人 |
| 近地点 | 181.5 千米 |
| 远地点 | 185.6 千米 |
| 轨道倾角 | 33.5° |
| 周期 | 88.07 分钟 |
| 任务时间 | 5 天 22 小时 54 分钟 41 秒 |

号指令舱"奥德赛"号被关闭，宇航员全体转移至没有爆炸受损的登月舱"水瓶"号，并在那里驾驶飞船返航，尽管经历种种危机，但三位宇航员仍然生还。

　　1970 年 4 月 17 日，在发生爆炸后的第三天，指令舱"奥德赛"号成功返回地球，降落于南太平洋，创造了人类航天史上最伟大的奇迹。

## 性能解析

　　"阿波罗"13 号上使用的 2 号氧气罐曾被安装在"阿波罗"10 号服务舱上

进行测试，在 1968 年 10 月 21 日的一次改装过程中，由于一根螺丝脱落，导致氧气罐下落了大约 5 厘米，但是这次小事故看上去并没有给氧气罐造成太大损坏，因此它又被拆下来，安装在"阿波罗"13 号服务舱上。18 个月后的 1970 年 3 月 21 日，在当天的倒计时演练中，2 号氧气罐出现故障，排气 / 填充系统没能正常运作。就是这个被忽略的氧气罐，导致了"阿波罗"13 号的爆炸。

"阿波罗" 13 号任务徽章

"阿波罗" 13 号准备发射升空

# 美国"阿波罗"15 号

"阿波罗"15 号（Apollo 15）是美国"阿波罗计划"中的第九次载人任务，也是人类第四次成功登月的载人登月任务。

## 研发历史

在原计划中，"阿波罗"15 号是一次 H 任务，但 1970 年 9 月 2 日美国国家航空航天局（NASA）宣布"阿波罗"15 号的任务会被修改，"阿波罗"18 号之后的任务都会被取消。因此"阿波罗"15 号成为"阿波罗计划"中首次 J 任务，相比于前几次任务，这次任务会在月球上停留更久，进行科学研究的比例更大。1971 年 7 月 26 日，"阿波罗"15 号在美国佛罗里达州肯尼迪航天中心成功发射，指令长大

| 基本参数 | |
|---|---|
| 指令舱重量 | 30370 千克 |
| 登月舱重量 | 16430 千克 |
| 乘员 | 3 人 |
| 近地点 | 185 千米 |
| 远地点 | 189.8 千米 |
| 轨道倾角 | 32.54° |
| 周期 | 88.16 分钟 |
| 任务时间 | 12 天 7 小时 11 分钟 53 秒 |

卫·斯科特（David Scott）和登月舱驾驶员詹姆斯·艾尔文（James Irwin）在月球表面停留了 3 天，在登月舱外的时间总长为 18 个半小时。2 位宇航员驾驶的历史上第一辆月球车使他们在月球上穿越的距离比前几次任务遥远了很多。指令舱驾驶员阿尔弗莱德·沃尔登（Alfred Worden）留在指令舱中环绕月球，使用科学仪器模块等设备对月球表面环境进行了详细的研究。

## 性能解析

"阿波罗"15 号上有一扇窗户经过特殊设计只传播紫外线，可以让宇航员们拍摄地球和月球的紫外线照片。从进入地球轨道起，3 位宇航员们就开始通

过这扇窗户拍摄照片。当窗户不再使用时，指挥中心指挥宇航员们可盖住窗户以降低紫外线辐射。

"阿波罗" 15 号任务徽章

"阿波罗" 15 号的宇航员和月球车在月表合影

# 苏联"东方"1 号

"东方"1 号（Vostok 1）太空飞船是谢尔盖·科罗廖夫与克里姆·阿利耶维奇·克里莫夫所设计的，该飞船完成了人类首次载人太空飞行任务。

## 研发历史

1957 年世界上第一颗人造"斯普特尼克"1 号被苏联送入太空后，美国和苏联都在大力发展航天技术，两国都想成为第一个能成功发射载人航天飞船的国家。虽然从 1960 年开始，苏联已经先后成功发射了其他的航天飞船，但都是无人飞船。为了能成为航天技术的"龙头老大"，苏联制订了"东方"号太空飞船计划。

| 基本参数 | |
| --- | --- |
| 重量 | 4725 千克 |
| 乘员 | 1 人 |
| 近地点 | 169 千米 |
| 远地点 | 327 千米 |
| 轨道倾角 | 64.95° |
| 周期 | 89.34 分钟 |
| 任务时间 | 1 小时 48 分钟 |

## 性能解析

"东方"1 号太空飞船中有一个自动系统负责控制飞行姿势，但并不能改变它的飞行轨道。宇航员（尤里·加加林）是被固定在"东方 1 号"飞船内（当紧急的时候，加加林仍然可以对系统进行解锁），这是因为医疗人员和航天器工程师并不确定失重对人体有什么样的影响。在"东方"1 号发射 1 小时后，自动系统会将飞船的姿势稍作调整，头部对准地球，以便随时可以点火返回。

"东方"1号任务徽章        "东方"1号返回舱

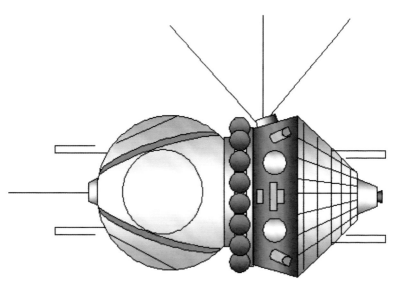

"东方"1号飞船示意图

"东方" 1 号飞船在地球轨道飞行想象图

# 苏联"东方"3号

　　"东方"3号（Vostok 3）飞船是苏联的一个载人航空任务，与"东方"4号只相隔了一天发射。

## 研发历史

　　"东方"3号飞船在 1962 年 8 月 11 日发射，这是人类首次有多艘太空船停在环绕轨道上，同时也给苏联的控制人员学习如何应对相似情形的机会。

## 性能解析

　　"东方"3号在进入轨道后，与"东方"4

| 基本参数 | |
|---|---|
| 重量 | 4722 千克 |
| 乘员 | 1 人 |
| 近地点 | 166 千米 |
| 远地点 | 218 千米 |
| 轨道倾角 | 65° |
| 周期 | 88.5 分钟 |
| 任务时间 | 3 天 22 小时 28 分钟 |

号相遇，2 个太空舱的宇航员利用无线电互相沟通，这是首次有太空船在外太空互相通信，甚至还首次在太空为地球拍摄了彩色照片。

"东方" 3 号任务徽章

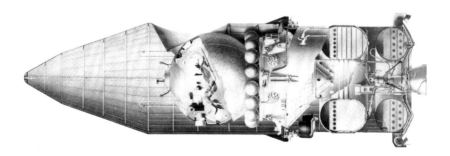

"东方" 3 号示意图

# 苏联"东方"4号

"东方"4号（Vostok 4）同样也是苏联太空计划的一部分，在"东方"3号发射一天后开始升空。

## 研发历史

"东方"4号在1962年8月12日开始发射,任务时长接近三天,并在太空中与"东方"3号相遇,最接近时两者距离只有5千米,并开创了人类太空船互相在外太空以无线电联系的先河。"东方"4号返回舱现在陈列在莫斯科某博物馆内,但却被改装并标示为"东方"2号返回舱。

| 基本参数 | |
|---|---|
| 重量 | 4728 千克 |
| 乘员 | 1 人 |
| 近地点 | 159 千米 |
| 远地点 | 211 千米 |
| 地球轨道倾角 | 65° |
| 轨道周期 | 88.2 分钟 |
| 任务时间 | 3 天 22 小时 56 分钟 |

## 性能解析

"东方"4号任务大致按原计划运行,然而由于太空船的维生装置发生故障,导致飞船内部温度骤降至10℃。而飞船也因为其与控制中心的沟通错误（控制中心误会宇航员帕维尔·波波维奇发送了要求提前返回的指令）,而提早结束了"东方"4号的任务。

# 苏联"上升"1 号

"上升"1 号（Voskhod 1）是苏联发射的一艘载人宇宙飞船，属于上升计划的第一次飞行。

## 研发历史

1963 年，一家媒体透露出了美国将于 1964 年进行 2 次不载人的飞船发射（"双子星座"和"阿波罗"飞船）。这使得大力发展航天技术的苏联感到非常不安，为了不落后于美国，苏联领导人向宇宙飞船总设计师科罗廖夫下达了命令，要求他务必研发出新型飞船，并

| 基本参数 | |
| --- | --- |
| 重量 | 5320 千克 |
| 乘员 | 3 人 |
| 近地点 | 178 千米 |
| 远地点 | 336 千米 |
| 轨道倾角 | 64.7° |
| 周期 | 89.6 分钟 |
| 任务时间 | 24 小时 |

且还要在 1964 年 11 月 7 日送 3 位宇航员上太空。这一命令让科罗廖夫感到力不从心：第一，在这么短的时间内，是来不及设计新飞船的；第二，如果不设计新型飞船，而采用旧时代的"东方"号飞船的话，又容不下 3 名宇航员。最终的解决办法就是改装"东方"号飞船，也就是"上升"号飞船计划。

## 性能解析

"上升"1 号飞船除了在下降舱的侧部加装了可伸缩的气密舱，用作宇航员进入太空的通道之外，其他的外部形状并没有多大的变化。

另一方面，苏联设计师还解决了宇航员的着陆问题，新型飞船"上升"1 号舱内在挤塞了 3 名宇航员后不能再容纳弹射座椅，熔接密封的座舱决定了他们必须和飞船一起着陆。经过反复实验，最后设计师制成了用卡普隆合成材料做成的降落伞，这种降落伞能使整个飞船座舱安全着陆。

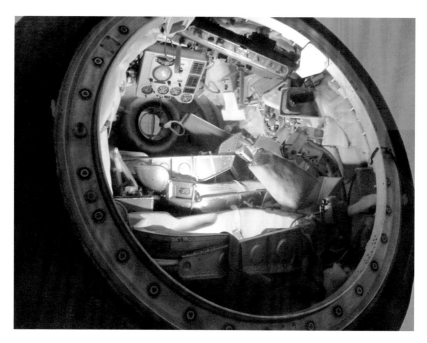

"上升"1号返回舱内部特写

# 苏联"上升"2 号

　　"上升"2 号（Voskhod 2）是苏联"上升计划"中第二次也是最后一次载人航天任务，它实现了人类历史上第一次舱外活动。

## 研发历史

　　1965 年 3 月 18 日，"上升"2 号载着 2 名航天员——阿列克谢·列昂诺夫（Alexey Leonov）和巴威尔·贝里亚耶夫（Pavel Belyayev）完成了一次史无前例的太空行走。太空行走是由列昂诺夫完成的，他通过气密舱进入太空，靠 1 根 5 米长的绳子与飞船连在一起。返回飞船时由于航天服在真空中膨胀起来，

| 基本参数 | |
|---|---|
| 重量 | 5682 千克 |
| 乘员 | 2 人 |
| 近地点 | 167 千米 |
| 远地点 | 475 千米 |
| 轨道倾角 | 64.8° |
| 周期 | 90.9 分钟 |
| 任务时间 | 1 天 2 小时 2 分钟 17 秒 |

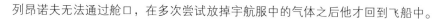

列昂诺夫无法通过舱口，在多次尝试放掉宇航服中的气体之后他才回到飞船中。

## 性能解析

　　"上升"2号的设计基本上与"上升"1号相似，但为了能够实现太空行走，苏联在"上升"2号舱口安装了一个轻便的出入管道。进入宇宙的宇航员先进入这个管道，由另一名宇航员从后面封闭管道口，然后那位宇航员就能打开舱口进入宇宙。

"上升"2号示意图

# 苏联"联盟"1 号

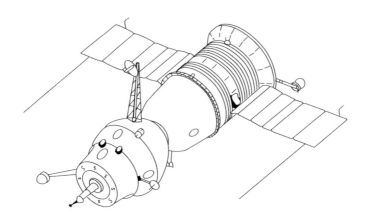

"联盟"号系列飞船是苏联研制的第三代载人飞船,其中"联盟"1 号(Soyuz 1)载人飞船是该系列飞船中最早的一种。

## 研发历史

1966 年 11 月,"联盟"1 号飞船发射升空,但失败了,它在苏联境外自毁。之后,飞船设计者认为要对"联盟"1 号飞船进行多次实验飞行,但是苏联的领导人要求必须在 1967 年 5 月 1 日前将一艘载人飞船送上天。1967 年 4 月,原定计划是先发射载有 1 人的"联盟"1 号,次日发射载有 3 人的"联盟"2 号飞船,

| 基本参数 | |
|---|---|
| 重量 | 6450 千克 |
| 乘员 | 1 人 |
| 近地点 | 197 千米 |
| 远地点 | 223 千米 |
| 轨道倾角 | 50.9° |
| 在轨时间 | 88.7 分钟 |
| 任务时间 | 1 天 2 小时 47 分钟 52 秒 |

然后两艘飞船在太空中对接。"联盟"2 号飞船中将有 2 人以太空行走的方式转移到"联盟"1 号飞船内,然后两艘飞船分别返回,但是由于苏联领导人下达了"死命令",所以这次理想的对联没有成功。之后,"联盟"2 号的飞行任务被取消。

## 性能解析

1967 年 4 月 3 日,"联盟"1 号飞船顺利发射,并完成了 13 圈的轨道飞行,飞船宇航员向地面报告工作顺利。在飞到第 18 圈时,飞船显得有些不稳定,航天员开始做再入大气层的定向操纵。随后事故发生了,"联盟"1 号飞船以 644 千米/时的速度直接撞击到地面,宇航员弗拉基米尔·科马罗夫上校当即死亡。

# 苏联"联盟"11号

"联盟"11号（Soyuz 11）属于苏联第三代"联盟"飞船系列，是苏联1971年发射的载人宇宙飞船。

## 研发历史

"联盟"11号于1971年6月6日在拜科努尔航天发射场点火升空。按计划，"联盟"11号应与苏联发射的世界上第一个长期在轨的空间站"礼炮"1号对接，并让3名宇航员进入空间站内。"联盟"11号的3位宇航员包括：指令长格奥尔基·多勃罗沃利斯基，实验工程师维克托·帕查耶夫和飞行工程师弗拉季斯

| 基本参数 | |
|---|---|
| 重量 | 6790 千克 |
| 乘员 | 3 人 |
| 近地点 | 163 千米 |
| 远地点 | 237 千米 |
| 轨道倾角 | 51.5° |
| 在轨时间 | 88.4 分钟 |
| 任务时间 | 23 天 18 小时 21 分钟 43 秒 |

拉夫·沃尔科夫。飞船于1971年6月7日与"礼炮"1号成功对接。6月7日10时45分，3名宇航员成功进入空间站。

## 性能解析

1971年6月30日，"联盟"11号飞船返回舱再入大气层，因分离时返回舱的压力阀门被震开导致密封性能遭到破坏，返回舱内的空气从该处泄漏，舱内迅速减压，致使3名宇航员因急性缺氧、体液沸腾而死亡。这次事故的原因是飞船设计不合理，座舱拥挤，只有脱掉臃肿的太空服才能坐下。根据这次事故，现在的太空飞行器增加了1套生命保障设备，规定在上升、返回段宇航员必须穿上太空服。

# 俄罗斯"联盟"TMA–15M 号

"联盟"TMA–15M 号（Soyuz TMA–15M）是俄罗斯航天部门在 2014 年送往国际空间站的载人飞船。

## 研发历史

2014 年 11 月 24 日，"联盟"号火箭运载"联盟"TMA–15M 号飞船在拜科努尔发射场发射升空运往国际空间站。此次前往国际空间站驻站的 3 位宇航员是来自俄联邦航天署

| 基本参数 | |
|---|---|
| 乘员 | 3 人 |
| 近地点 | 200 千米 |
| 远地点 | 252 千米 |
| 轨道倾角 | 51.7° |
| 周期 | 88.7 分钟 |

的安东·什克普列罗夫、美国航天局的特里·维尔特斯和欧洲航天局的萨曼莎·克里斯托弗雷蒂。他们将在太空工作 169 天，完成上百项科学实验并迎接多艘货运飞船。搭乘"联盟"TMA – 15M 飞船一同飞往国际空间站的还有首台太空咖啡机"ISSpresso"，是由意大利局、意大利咖啡生产商"拉瓦扎"及一家航天公司共同制造。

## 性能解析

"联盟"TMA–15M 号在飞行 6 小时后开始与国际空间站对接，当时空间站距离地球表面 418 千米。宇航员将利用国际空间站独特的微重力环境和在太空的有利位置，在轨道实验室完成生命科学、材料研究、技术研发与其他实验。

"联盟" TMA-15M 号正在发射

# 俄罗斯 "联盟" TMA-17 号

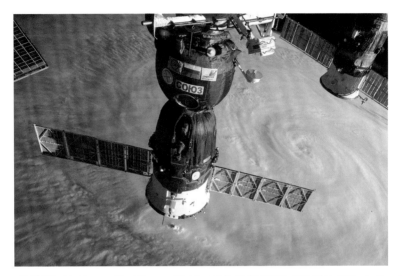

"联盟" TMA-17 号（Soyuz TMA-17）是俄罗斯 "联盟计划" 中的一艘载人航天飞船。

## 研发历史

2009 年 12 月 20 日，"联盟" TMA-17 号飞船由 "联盟" 号火箭运载从哈萨克斯坦拜科努尔航天发射场发射升空，前往国际空间站。经过两天飞行，载人飞船与空间站成功对

| 基本参数 | |
| --- | --- |
| 乘员 | 3 人 |
| 近地点 | 333 千米 |
| 远地点 | 344 千米 |
| 轨道倾角 | 51.6° |
| 周期 | 91.3 分钟 |

接。飞船上载有第 22 长期考察组的 3 名宇航员，分别为俄罗斯宇航员奥列格·科托夫、美国宇航员蒂莫西·克里默和日本宇航员野口聪一。其中奥列格·科托夫担任飞船指令长，蒂莫西·克里默和野口聪一担任飞船随航工程师。

## 性能解析

在驻站期间，"联盟" TMA-17 上的 3 名宇航员将承担空间站与多艘航天器对接的任务，其中包括 2 艘俄罗斯货运飞船和 3 架美国航天飞机，他们还将开展 48 项科学试验并进行 1 次太空行走。此外，俄宇航员还将承担俄罗斯研制的 "黎明" 号小型试验舱与空间站俄罗斯舱段的对接任务。

# 俄罗斯"联盟"TMA-19 号

"联盟"TMA-19 号（Soyuz TMA-19）是俄罗斯"联盟计划"中的一艘载人航天飞船。

## 研发历史

2010 年 6 月 16 日，"联盟"-FG 运载火箭携带"联盟"TMA-19 飞船从哈萨克斯坦拜科努尔航天发射场发射升空前往国际空间站，这是国际空间站项目启动以来的第 100 次发射。6 月 18 日，飞船将与空间站的"星辰"号服务舱对接。

| 基本参数 | |
|---|---|
| 乘员 | 3 人 |
| 近地点 | 200 千米 |
| 远地点 | 259 千米 |
| 轨道倾角 | 51.62° |
| 周期 | 88.8 分钟 |

## 性能解析

"联盟"TMA-19 号飞船在与运载火箭分离后将独自飞行约两昼夜，在驻国际空间站期间，"联盟"TMA-19 号飞船上的 3 名宇航员将接待美国航天飞机、俄罗斯载人飞船以及 3 艘俄罗斯货运飞船，此外，他们还将进行 5 次太空行走。

"联盟" TMA-19 号发射升空

# 苏联"史波尼克"5号

"史波尼克"5号（Sputnik 5）是20世纪60年代苏联载人航天计划"东方计划"中一颗"东方"号原型试验飞船。

## 研发历史

"史波尼克"5号于1960年8月19日在拜科努尔航天发射场发射升空，飞船上搭载了2只苏联太空犬、1只灰兔、40只小鼠、2只大鼠和若干苍蝇、植物和真菌，飞船于次日返回地面，飞船上所有生物成员全部存活。

| 基本参数 | |
|---|---|
| 重量 | 4600 千克 |
| 近地点 | 287 千米 |
| 远地点 | 324 千米 |
| 地球轨道倾角 | 64.95° |
| 轨道周期 | 90.72 分钟 |
| 任务时间 | 1 天 2 小时 47 分钟 52 秒 |

## 性能解析

"史波尼克"5号是第一次成功将动物送入轨道并安全返回的太空飞行，执行了"东方"号飞船的第三次试验飞行。

# 第 5 章
## 运载火箭

　　运载火箭是将人们建造的各种航天器推向太空的一种载具。一般为 2～4 级，级与级之间靠级间段连接。运载火箭主要用于把人造地球卫星、载人飞船、航天站或行星际探测器等送入预定轨道。有效载荷装在仪器舱的上面，外面套有整流罩。

# 美国"大力神"1号

"大力神"1号（Titan 1）火箭是美国第一枚多级式运载火箭，为大力神系列火箭道。

## 研发历史

在"擎天神"运载火箭建造之际，为了预防该运载火箭不能如期完成，而导致发射卫星的计划耽搁，美国先研发了"大力神"1号运载火箭作为备用。"大力神"1号是"大力神"系列运载火箭的最初型号，该运载火箭属于两级式火箭，以煤油和液态氧作为燃料，从1959年开始使用，直到1965年结束。

| 基本参数 | |
|---|---|
| 高度 | 31 米 |
| 直径 | 3.05 米 |
| 质量 | 105.14 吨 |
| 首发时间 | 1959 年 2 月 6 日 |
| 发射次数 | 70 次 |
| 服役情况 | 退役 |

## 性能解析

"大力神"系列火箭使用的推进剂是联胺及四氧化二氮，这种推进剂有剧毒且成本较高，于是在2006年，美国几乎淘汰了所有"大力神"系列运载火箭。

整个"大力神"1号在卡纳维尔角发射

"大力神" 1号火箭发动机

# 美国"大力神"2 号

"大力神"2 号（Titan 2）是由洲际导弹改良而来的一种运载火箭。

## 研发历史

　　1962 年 3 月 12 日，"大力神"2 号火箭进行首次发射，曾在 20 世纪 60 年代运载"双子座"飞船发射 10 次，从 1982 年 7 月开始，"大力神"2 号开始逐渐减产，截至 1987 年 6 月，"大力神"2 号已经全面停止使用。

| 基本参数 | |
| --- | --- |
| 高度 | 31.4 米 |
| 直径 | 3.05 米 |
| 质量 | 154 吨 |
| 首发时间 | 1962 年 3 月 12 日 |
| 发射次数 | 106 次 |
| 服役情况 | 退役 |

## 性能解析

　　"大力神"2 号火箭为两级液态火箭，设计目的是用来发射中小型卫星，其发射 1900 公斤的卫星至低地球轨道，第一级由两种液态燃料组成，发动机为飞行喷射（Aerojet）LR87 型；第二级则是飞行喷射（Aerojet）LR91 型。

"大力神"2号火箭发射瞬间

# 美国"大力神"3A 号

"大力神"3A 号（Titan 3A）运载火箭是由美国空军在"大力神"2 号火箭的基础上改良而成的。

### 研发历史

"大力神"3A 号运载火箭于 1964 年 9 月 1 日进行首次发射，但因变轨级加压失败，导致提早分离而未能到达预定轨道；同年 10 月 10 日的发射则获得成功，于 1965 年发射两次"林肯"号实验卫星皆成功。

### 性能解析

| 基本参数 | |
|---|---|
| 高度 | 42 米 |
| 直径 | 3.05 米 |
| 重量 | 161.73 吨 |
| 酬载 | "林肯"号实验卫星 |
| 首发时间 | 1964 年 9 月 1 日 |
| 发射次数 | 4 次 |
| 服役情况 | 退役 |

"大力神"3A 火箭可以随意选择是否加装固态助推火箭，可协助美国空军发射 DSP 快速警报间谍卫星和防御通信卫星。

# 美国"大力神"3E 号

  "大力神"3E 号（Titan 3E）运载火箭是美国的一次性使用运载系统，共发射 7 次。

## 研发历史

  "大力神"3E 号于 1974—1977 年在卡纳维拉尔角空军基地共发射 7 次，曾完成美国航空航天局（NASA）几次著名的科学探测任务，如"旅行者计划"和"海盗计划"等探测计划，还有美国与西德合作的"阿波罗计划"也是由"大力神"系列火箭运载。

| 基本参数 | |
| --- | --- |
| 高度 | 48 米 |
| 直径 | 3.05 米 |
| 重量 | 632.97 吨 |
| 酬载 | "阿波罗"1 号飞船等 |
| 首发时间 | 1971 年 6 月 15 日 |
| 发射次数 | 7 次 |
| 服役情况 | 退役 |

## 性能解析

  "大力神"3E 号为三节式运载火箭，是"大力神"系列运载火箭最早采用半人马座上面级的型号，其后的"大力神"4 号运载火箭也都采用该上面级。"大力神"3E 改良自"大力神"3D 运载火箭，与 D 型相比，"大力神"3E 加强了酬载能力，曾两次在"阿波罗计划"中使用。

"大力神"3E 火箭运载"海盗"2 号准备升空

# 美国"擎天神"1号

"擎天神"1号（Atlas 1）是美国一次性运载火箭，不可重复发射。

## 研发历史

"擎天神"1号于1990年起开始发射各式卫星，由于"I"在"Atlas I"中易造成误解，因此早期的擎天神系列火箭以字母为代号，由A至H。但后来的火箭却以罗马数字编号。自从"擎天神"2号运载火箭发展出后，"I"即被认为是"1"。

| 基本参数 | |
| --- | --- |
| 高度 | 43.9米 |
| 直径 | 3.05米 |
| 重量 | 164.3吨 |
| 酬载 | 释放和辐射综合效应卫星美国科学卫星（CRRES） |
| 首发时间 | 1990年7月25日 |
| 发射次数 | 11次 |
| 服役情况 | 退役 |

## 性能解析

"擎天神"1号运载火箭第一节装有MA-5辅助火箭，有两部LR-89引擎，通过"半节式"(stage-and-a-half)火箭的设计能够在火箭推进途中将三部引擎的其中两台丢弃，这样能在发射时提供足够的推力，同时还能维持较长的推进时间。

# 美国"擎天神"2号

"擎天神"2号(Atlas 2)运载火箭是由20世纪50年代研制成功的"擎天神"导弹系统发展而来。

## 研发历史

"擎天神"2号运载火箭首次发射时间是在1991年12月7日,发射地点为佛罗里达州的卡纳维尔角第45号发射台。"擎天神"2号运载火箭主要发射防御卫星通信系统及商业卫星用以取代"擎天神"1号。

| 基本参数 | |
|---|---|
| 高度 | 47.54米 |
| 直径 | 3.04米 |
| 重量 | 204.3吨 |
| 酬载 | 跟踪与资料中继卫星 |
| 首发时间 | 1991年12月7日 |
| 发射次数 | 63次 |
| 服役情况 | 退役 |

## 性能解析

"擎天神"2号运载火箭的第一及第二节相对"擎天神"1号而言推力增大,改良了发动机,并增长燃料槽。由于"擎天神"2号使用了新一代的电子设备,并改善了飞行电脑,性能在整体上要比"擎天神"1号优良。"擎天神"2号运载火箭中最高阶者为"擎天神"2号AS型。

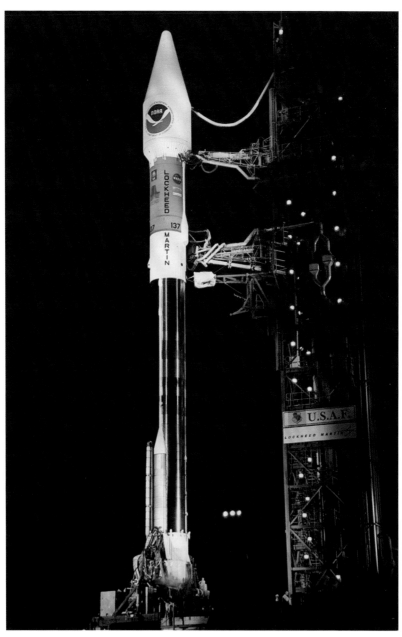

"擎天神" 2 号火箭在发射基地

# 美国"擎天神"5 号

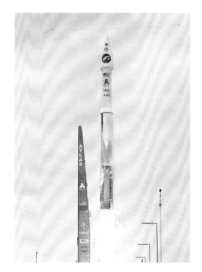

"擎天神"5 号（Atlas 5）运载火箭已发射 50 多次，是美国使用最广泛的一种运载工具。

## 研发历史

1958 年 12 月 18 日，第一架"擎天神"运载火箭成功发射，并将一个通信卫星送入轨道，首次实现了火箭实际应用技术。随后，诞生了"擎天神"1～5 号运载火箭，其中"擎天神"5 号运载火箭是该系列的最新型号，主要的技术包括结构、推进系统和电子设备

| 基本参数 | |
| --- | --- |
| 高度 | 58.3 米 |
| 直径 | 3.81 米 |
| 重量 | 334.5 吨 |
| 酬载 | X-37B 无人太空战机 |
| 首发时间 | 2002 年 8 月 21 日 |
| 发射次数 | 58 次 |
| 服役情况 | 现役 |

等，是源自于"擎天神"2、3 号。"擎天神"5 号运载火箭是由联合发射同盟在亚拉巴马州建造的，首次发射于 2002 年 8 月 21 日完成。

## 性能解析

"擎天神"5 号运载火箭主引擎为俄罗斯的 RD-180 引擎，该引擎发射时提供推力约 400 万牛顿，飞行中产生的最大推力可达 415.2 万牛顿。"擎天神"5 号运载火箭第一节是新研发出来的公共助推核心，最多可以捆绑式加装五枚固态辅助火箭；第二节的"半人马座"火箭有加压燃料槽使之稳固，并使用低温燃料，

引擎为 RL10A-4-2 火箭引擎（改良后的 RL10A-4-2 火箭引擎，增加第二节的操作性能和可靠程度）。

发射中的"擎天神"5 号火箭

"擎天神" 5 号被搬到发射台

# 美国"土星"5 号

"土星"5 号（Saturn 5）是美国有史以来建造的动力最强的火箭。

## 研发历史

1961 年美国总统宣布要在 1970 年将宇航员送上月球。当时美国的运载火箭其推力远远不够，需要若干次发射才能将登月所需要的各个部件送入轨道。为了能完善这一问题，美国航天局根据"木星"系列运载火箭技术，外加 V-2 火箭的设计经验，开始了新一代"土星"系列运载火箭的研发，首先是"土星"1 号和"土星"1B 号，最终是"土星"5 号。

| 基本参数 | |
|---|---|
| 高度 | 110.6 |
| 直径 | 10.1 米 |
| 重量 | 3039 吨 |
| 酬载 | "阿波罗"13 号飞船 |
| 首发时间 | 1967 年 11 月 9 日 |
| 发射次数 | 13 次 |
| 服役情况 | 退役 |

## 性能解析

"土星"5 号的巨大体积和载荷容量远远超过了之前曾经成功飞行过的火箭。将"阿波罗"宇宙飞船放置在其顶端后，其总高度达到 111 米，直径达 10 米。加满燃料以后，总重量达到 3000 吨，可以将 118 吨重的物体送到近地轨道。"土星"5 号共包括三级：第一级 S-IC，第二级 S-II 和第三级 S-IVB。所有的三级发动机都使用液氧作为氧化剂。第一级使用 RP-1 煤油作为燃料，第二级和第三级都使用了液氢作为燃料，每一级的上一级都使用了小的固体燃料发动机以将其与下一级分离，同时保证液体推进剂在正确的位置注入泵中。

"土星" 5 号火箭示意图

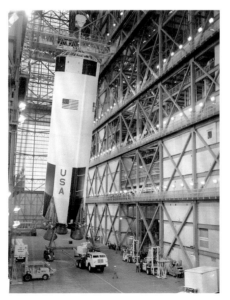

"阿波罗" 8 号使用的 "土星" 5 号第一级

"土星" 5 号的控制设备单元

"土星" 5 号正在发射

# 美国"德尔塔"2 号

　　"德尔塔" 2 号（Delta 2）是由美国麦道公司设计和制造的运载火箭,是"德尔塔"系列运载火箭家族中的重要成员之一。

## 研发历史

　　"德尔塔" 2 号自 1989 年开始投入使用,是美国航空航天局（NASA）主要的中型运载火箭。主要型号包括:"德尔塔" 2 号 6000 型运载火箭（已经退役）、"德尔塔" 2 号 7000 型运载火箭（仍在使用）,以及"德尔塔" 2 号 7000 型运载火箭的 2 个变种（轻型型号和重型型号）。

| 基本参数 ||
| --- | --- |
| 高度 | 38.2 ～ 39 米 |
| 直径 | 2.44 米 |
| 重量 | 249.5 ～ 733.4 吨 |
| 酬载 | "黎明"号探测器等 |
| 首发时间 | 1989 年 2 月 14 日 |
| 发射次数 | 153 次 |
| 服役情况 | 现役 |

## 性能解析

　　"德尔塔" 2 号运载火箭自问世以来,已经在全美整个航天运载体系中构成了一个独立而重要的层次,使美国大量的中型军用、民用和科研卫星能经济地、及时地发射。同时,"德尔塔" 2 号以其良好的适用性、经济性和可靠性积极的参与国际航天发射业务的竞争,并取得了相当可观的成绩。

"德尔塔" 2 号火箭运载 "黎明" 号探测器发射升空

"德尔塔" 2 号底部特写

# 美国"德尔塔"4号

"德尔塔"4号(Delta 4)运载火箭是"德尔塔"系列运载火箭中的一个型号，由波音公司设计。

## 研发历史

为了降低运载火箭的制造成本和缩短在发射台上滞留的时间，波音公司制订了一套研发"节能减排"的运载火箭计划。在该计划发展的初期，波音公司曾提出了一个改造方案，方案的大致内容是将"德尔塔"2号运载火箭

| 基本参数 | |
| --- | --- |
| 高度 | 63 ～ 77.2 米 |
| 直径 | 5 米 |
| 重量 | 249.5 ～ 733.4 吨 |
| 首发时间 | 2002 年 11 月 20 日 |
| 发射次数 | 17 次 |
| 服役情况 | 现役 |

的整流罩和酬载舱，完全运用在"德尔塔"4号运载火箭上，但是后来发现这样的做法，酬载舱并没有办法增加运载火箭的有效载荷，于是该方案在1999年取消。之后，波音公司又拿出了新的方案，该方案由联合发射同盟完成，最终的产品就是"德尔塔"4号运载火箭。

## 性能解析

运载火箭进入商业运载火箭市场后，由于其有效载荷大，所以它的发射价格相比其他运载火箭而言高得多。"德尔塔"4号运载火箭的第一级有一个公共推进核心，使用 RS-68 火箭引擎。"德尔塔"4号运载火箭未来可能发展的升级计划包括：增加更多的捆绑式固体火箭助推器，使用较大推力的主发动机，使用较轻的材料来制作，使用较大推力的第二级火箭，使用较多的（可能多达6枚）辅助用标准核心火箭，甚至让液态氢／液态氧可以交互流通到中央的标准核心火箭，以增加推进时间。

"德尔塔" 4 号发射升空

"德尔塔" 4 号火箭第二级

"德尔塔" 4 号火箭使用的固体火箭助推器

# 美国"猎鹰"1号

　　"猎鹰"1号（Falcon 1）是由美国太空探索技术公司（SpaceX）设计制造的可部分重复使用的运载火箭。

## 研发历史

　　"猎鹰"1号火箭的默林发动机在第一次火箭发射中着火。因为发动机问题和发射地点一再改变，第一次发射日期一再延后。第一次预定发射日期原本为2005年9月26日从马绍尔群岛的瓜加林环礁发射，但因为9月12日一个真空阀错误的开启使火箭不能发射

| 基本参数 | |
|---|---|
| 高度 | 21.3 米 |
| 直径 | 1.7 米 |
| 重量 | 38.56 吨 |
| 酬载 | 高等防御卫星 |
| 首发时间 | 2006 年 3 月 25 日 |
| 发射次数 | 5 次 |
| 服役情况 | 退役 |

升空，也造成火箭内部被吸住而损伤，最后决定拆下第一级重修，并二度延迟发射日期，几经延迟后预定在地面进行点火测试的日期是2006年1月10日，测试结果并没有得到上级的认可，并要求再次检查。过了两个月，终于到了第一次"猎鹰"1号火箭发射，发射时间为3月25日星期六9点30分，但结果却是失败的。2008年9月28日，"猎鹰"1号进行第四次发射，实现了首次发射成功。

## 性能解析

"猎鹰" 1 号第一级可以使用降落伞减速降落到海面找回并重复使用。使用的降落伞系统包括有一个高速伞及一个主伞。经过 Space X 公司测试之后，印证了第一级的重复使用性，回收方式不仅有效而且降低了发射金额。

"猎鹰" 1 号第二级使用铝锂合金制成，可耐低温，不能重复使用。第二级利用氦气将液态燃料推送至发动机，也利用燃料供给量的不同造成不同的推力，进而控制火箭本体也使用零堆积液态燃料系统，使燃料更快进入发动机。

"猎鹰" 1 号使用的默林发动机

"猎鹰" 1 号发射升空

# 美国"猎鹰"9 号

　　"猎鹰"9 号（Falcon 9）是美国太空探索技术公司设计并制造的一种两级入轨运载火箭。

## 研发历史

　　在美国太空探索技术公司的"天龙"号飞船诞生之前，发射它的运载火箭也在默默进行着研发。为了能安全有效将"天龙"号飞船送入轨道，太空探索技术公司在美国航天局的扶持下，通过对"猎鹰"1～5 号运载火箭的改进，发展出了"猎鹰"9 号运载火箭。

| 基本参数 | |
|---|---|
| 高度 | 70 米 |
| 直径 | 3.7 米 |
| 重量 | 549.05 吨 |
| 酬载 | "天龙"号飞船 |
| 首发时间 | 2010 年 6 月 4 日 |
| 发射次数 | 28 次 |
| 服役情况 | 现役 |

## 性能解析

　　"猎鹰"9 号顶端和外层全部是采用超强度铝锂合金材料制造的，并且后盖上也加了一层特制的挡热板，以免它的第一级和第二级在重返地球大气层时遭到损坏。"猎鹰"9 号运载火箭有三个版本："猎鹰"9 号 1.0 版（已退役），"猎鹰"9 号 1.1 版（已退役）和现役的"猎鹰"9 号全推力版。"猎鹰"9 号运载火箭各版本都属于中型到重型运载火箭。

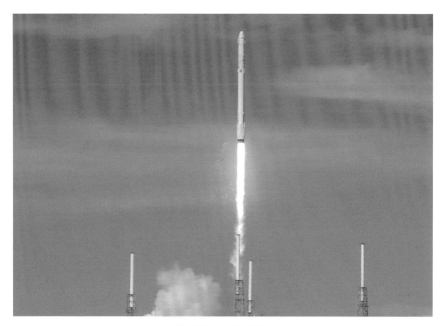

"猎鹰"9号发射升空

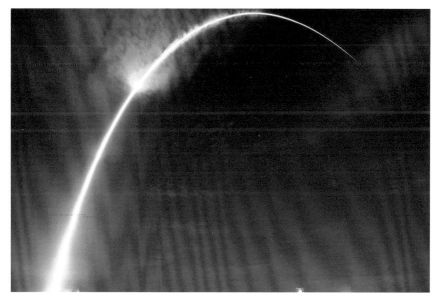

"猎鹰"9号发射轨迹

"猎鹰" 9 号燃料舱

"猎鹰" 9 号降落脚架张开

# 美国"战神"1号

"战神"1号（Ares 1）是美国航空航天局（NASA）在"星座计划"中所研制的运载火箭，极具代表意义。

## 研发历史

自 2004 年 1 月 14 日美国总统提出"星座计划"之后，"猎户座"飞船顺利地完成了建造，为避免造成"哥伦比亚"号航天飞机的悲剧，此次美国航天局对发射"猎户座"飞船的运载火箭设计万分谨慎。经过设计师多次实

| 基本参数 | |
| --- | --- |
| 高度 | 94 米 |
| 直径 | 5.5 米 |
| 首发时间 | 2009 年 10 月 |
| 有效载荷 | 22.8 吨 |
| 发射次数 | 28 次 |
| 服役情况 | 现役 |

验，于 2009 年 10 月 28 日，美国航天局试飞了新研发出来的运载火箭——"战神"1号。

## 性能解析

"战神"1号运载火箭在初步评估后可以成功作为运载火箭，但进一步模拟测试后发现该运载火箭可能无法担负"猎户座"飞船的重量。所以美国航天局决定缩小"猎户座"飞船的体积，并将"战神"1号运载火箭第二级使用的航天飞机 SSME 引擎改为火箭 J-2X 引擎。

"战神"1号火箭示意图

"战神"1号运载"猎户座"太空船升空想象图

"战神"1号发射器与运输带

"战神"1号发射升空想象图

# 美国"飞马座"号

"飞马座"号（Pegasus）是美国轨道科学公司研制的一种通过空中发射平台发射的空射型运载火箭。

## 研发历史

"飞马座"号是世界上唯一投入使用的空射运载火箭，主要用于将小型卫星送入近地轨道，进行微重力试验、材料试验、通信、定位、地球资源探测或完成其他特殊任务。1990年4月5日，"飞马座"号进行首次发射，截至2016年，该火箭已经发射了43次，其中有38次是成功的。

| 基本参数 | |
|---|---|
| 高度 | 16.9米 |
| 直径 | 1.27米 |
| 重量 | 18.5吨 |
| 首发时间 | 1990年4月5日 |
| 发射次数 | 43次 |
| 服役情况 | 退役 |

## 性能解析

发射标准型"飞马座"号火箭的载机为改装的B-52轰炸机，运载火箭吊挂在机翼下。发射时，火箭由载机携带至预定地点上空投放，自由下落5秒后点火，投放时，飞机高度约11900米。"飞马座"火箭具有较大的军用潜力，适合于战时发射小卫星，也可用来运送武器弹药，使军事指挥员拥有攻击地球上任何目标的能力。

"飞马座"号火箭侧面特写

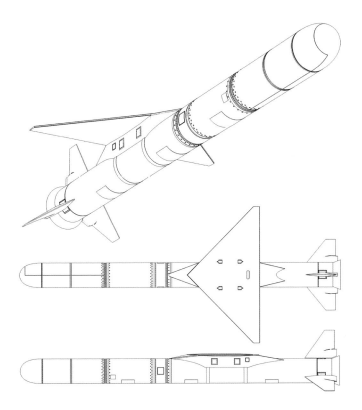

"飞马座"号火箭三视图

"飞马座"号火箭脱离 B-52 轰炸机点火发射

在飞机底部的"飞马座"号火箭

# 美国"金牛座"号

"金牛座"号（Taurus）是由美国轨道科学公司所建造的四节式固态运载火箭。

## 研发历史

"金牛座"号火箭在 1994 年 3 月 13 日首次发射，总共发射了 9 次，其中 6 次成功，3 次发射失败中有两次造成美国国家航空航天局（NASA）损失近 7 亿美元。一次是在 2009 年 2 月，"金牛座"火箭酬载价值 2.7 亿美元的轨道碳侦测太空船在范登堡空军基地发

| 基本参数 | |
|---|---|
| 高度 | 27.9 米 |
| 直径 | 2.35 米 |
| 重量 | 73 吨 |
| 酬载 | "辉煌"号卫星 |
| 首发时间 | 1994 年 3 月 13 日 |
| 发射次数 | 9 次 |
| 服役情况 | 退役 |

射，但由于下一节没有分离，导致卫星无法到达到预定轨道。轨道碳侦测太空船花费在"金牛座"火箭及其周边服务约 5400 万美元。第二次是在 2011 年 3 月 4 日，"金牛座"号火箭酬载"辉煌"号卫星升空 6 分钟后，整流罩没有正

确地与火箭分离，卫星未能进入预定轨道，整体坠入太平洋。这次失败与两年前美国轨道碳侦测太空船坠落事故十分相似。"辉煌"号卫星造价约4.24亿美元，属于气候变迁侦测卫星。

## 性能解析

"金牛座"火箭的发射能力是"飞马座"火箭的3倍。"金牛座"火箭使用加强结构，从范登堡基地发射可将大约1000千克的有效载荷送入极地轨道。如果从卡纳维拉尔角发射，"金牛座"火箭能将重1500千克的有效载荷送入高度约460千米、倾角28.5°的轨道，同时也能将重量达376千克的卫星送入静地转移轨道。

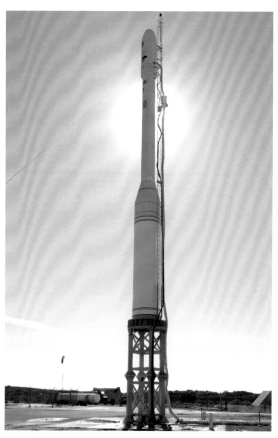

"金牛座"号火箭准备发射

"金牛座"火箭发射升空

# 欧洲"阿丽亚娜"3号

"阿丽亚娜"3号（Ariane 3）是由欧洲空间局研制的不可重复使用运载火箭。

## 研发历史

1973年12月，欧洲空间局开始投资研制"阿丽亚娜"1号运载火箭，研制工作历时6年时间，投资费用大约10亿美元。1979年12月，"阿丽亚娜"1号运载火箭首次公开亮相，并圆满完成了第一次试飞任务，20世纪80年代至90年代初国际商业卫星发射市场呈

| 基本参数 | |
|---|---|
| 高度 | 49米 |
| 直径 | 3.8米 |
| 重量 | 237吨 |
| 首发时间 | 1993年3月25日 |
| 发射次数 | 6次 |
| 服役情况 | 现役 |

现了供不应求的局面。在这种情况下，欧洲空间局又在"阿丽亚娜"1号火箭基础上陆续研制了"阿丽亚娜"2号、"阿丽亚娜"3号等火箭。1984年8月4日，"阿丽亚娜"3号进行了第一次发射。

## 性能解析

"阿丽亚娜"3号属于三节式运载火箭，第一节配备四颗四氧化二氮和联氨25%（混合75%的偏二甲基和25%联氨）的常温液态燃料引擎。第二节和第三节分别配备一颗常温液态燃料引擎；第二节燃料是四氧化二氮和联氨25%；第三节燃料是液态氧/煤油。"阿丽亚娜"3号有两枚捆绑式固态辅助火箭，使它的酬载能力可达2175～2580千克。

# 欧洲"阿丽亚娜"5 号

"阿丽亚娜"5 号（Ariane 5）是欧洲空间局自行研制的可抛式运载火箭，是阿丽亚娜系列火箭最新的一型。

## 研发历史

早在 20 世纪 70 年代末期，法国就提出了"阿丽亚娜"运载火箭的计划，并得到了德国、英国和法国等国家的支持。该计划是为了完成欧洲拥有自己的运载火箭的愿望。欧洲空间局指定国家中央测试场来研制阿丽亚娜运载火箭及提供测试设备。1980 年，阿丽亚娜航天公司成立，之后就开始了"阿丽亚娜"运载火箭的建造。相比前 4 种"阿丽亚娜"系列运载火箭，"阿丽亚娜"5 号有了更大的进步，使用低温引擎，燃料是液态氢和液态氧。

| 基本参数 | |
|---|---|
| 高度 | 46～52 米 |
| 直径 | 5.4 米 |
| 重量 | 777 吨 |
| 酬载 | X 射线天文卫星 |
| 首发时间 | 1996 年 6 月 4 日 |
| 发射次数 | 82 次 |
| 服役情况 | 现役 |

## 性能解析

"阿丽亚娜"5 号运载火箭在 1998 年 10 月 21 日成功发射，在第二年将 X 射线天文卫星送入轨道。之后，"阿丽亚娜"5 号运载火箭发射过程并不是"一帆风顺"，2001 年 7 月 12 日，它将两枚通信卫星送入了错误的轨道，好在欧洲航天局利用离子推进系统才将其归位。

发射中的"阿丽亚娜"5号火箭

"阿丽亚娜"5号示意图

# 欧洲"织女星"号

"织女星"号（Vega）运载火箭是一种不可重复使用的运载火箭。

## 研发历史

　　"织女星"号由意大利太空总署及欧洲空间局自 1998 年合作研发，并于 2012 年 2 月 13 日首次发射并成功达成预定轨道，亚利安太空公司也宣布在 2018 年之前会持续发射"织女星"运载火箭。

| 基本参数 | |
| --- | --- |
| 高度 | 30 米 |
| 直径 | 3 米 |
| 质量 | 137 吨 |
| 酬载 | LARES 卫星 |
| 首发时间 | 2012 年 2 月 13 日 |
| 发射次数 | 1 次 |
| 服役情况 | 现役 |

## 性能解析

　　"织女星"号运载火箭分三级，每级都使用不同的引擎。第一级使用的引擎是 P80 火箭引擎，该引擎可提供 190 吨的推进力，推进时间可达 111 秒。"契法罗 23"火箭引擎是"织女星"运载火箭的第二级引擎，2006 年 6 月 26 日，该引擎在萨尔托迪基拉发射场进行了首次测试，并取得成功。"织女星"运载火箭第三级使用"契法罗 9"火箭引擎，该引擎是整个运载火箭中最早完成的，同样是在萨尔托迪基拉发射场进行了 2 次测试。

　　亚利安太空公司开发前宣称"织女星"运载火箭可以将 1500 千克的人造卫星送入离地 700 千米的圆形极轨道；而后续也确认了"织女星"运载火箭是专以太阳同步轨道或极轨道的人造卫星为酬载目标。

"织女星"号火箭发射升空

在发射基地的"织女星"号火箭

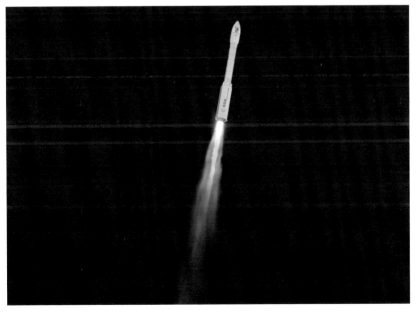

发射中的"织女星"号火箭

# 苏联"能源"号

　　"能源"号（Energia）运载火箭是由苏联能源科研生产联合体研发建造的，作为一种通用运载火箭，"能源"号至今仍保持着起飞推力的世界纪录。

## 研发历史

　　由于美国比苏联先一步登上月球，于是苏联在 1974 年 5 月取消了登月计划，与此同时 N1 运载火箭也停止了研发。随后，苏联开始向航天飞机进军，在"暴风雪"号航天飞机被研发出来后，它的载体——"能源"号运载火箭也应运而生。"能源"号运载火箭在 1987 年 5 月 15 日进行首次发射，"能源"号只执行过两次发射任务，在第一次发射中，有效载荷没有正常工作。而在 1988 年第二次发射中，"能源"号将"暴风雪"号航天飞机送入轨道。

| 基本参数 ||
| --- | --- |
| 高度 | 60 米 |
| 直径 | 7.75 米 |
| 质量 | 2400 吨 |
| 酬载 | "暴风雪"号航天飞机 |
| 首发时间 | 1987 年 5 月 15 日 |
| 发射次数 | 2 次 |
| 服役情况 | 退役 |

## 性能解析

　　"能源"号运载火箭有两个作用，第一个是作为一次性使用重型运载系统，第二个是作为"暴风雪"号航天飞机的助推器。

"能源"号火箭运载"暴风雪"号航天飞机

俯视"能源"号火箭

"能源"号火箭发射升空想象图

# 苏联"联盟"号

"联盟"号（Soyuz）是由苏联第一特种设计局设计，国家第一航空工厂制造的苏联一次性运载火箭。

## 研发历史

"联盟"号运载火箭为"联盟计划"的一部分，主要负责将"联盟"号宇宙飞船送入近地轨道。"联盟"号在最初几次无人飞行试验后承担了"联盟计划"前 19 次载人任务。

## 性能解析

| 基本参数 | |
|---|---|
| 高度 | 45.6 米 |
| 直径 | 10.3 米 |
| 重量 | 308 吨 |
| 酬载 | "联盟"号宇宙飞船 |
| 首发时间 | 1966 年 11 月 28 日 |
| 发射次数 | 30 次 |
| 服役情况 | 退役 |

"联盟"号运载火箭采用液氧、煤油推进剂，主要用于发射载人 / 不载人货运飞船或军用照相侦察卫星，曾发射过"上升"号载人飞船、"联盟"号载人飞船以及第 2 代"宇宙"号照相侦察卫星。在二级型火箭"联盟"号 U/FG 的基础上还可增加伊卡尔和弗雷盖特上面级，用于商业高轨道发射。

"联盟"号火箭在发射台

火车正在运输"联盟"号火箭

"联盟"号火箭发射升空

"联盟"号火箭升空时的想象图

# 俄罗斯"质子"号

　　"质子"号（Proton）运载火箭一直是俄罗斯发射大型航天器的主要运载工具。

## 研发历史

　　20 世纪中期，苏联的火箭设计局弗拉基米尔·切洛梅，向赫鲁晓夫提出了一个洲际导弹发展计划，在该计划中，UR500 导弹被研发出来了，但是该导弹被军队拒绝采用。不久，UR500 被改造成了用于航天发射的运载火箭（两级型火箭），

| 基本参数 | |
| --- | --- |
| 高度 | 53 米 |
| 直径 | 7.4 米 |
| 重量 | 693.8 吨 |
| 酬载 | "礼炮"号空间站舱段 |
| 首发时间 | 1965 年 7 月 16 日 |
| 发射次数 | 335 次 |
| 服役情况 | 现役 |

1965 年 7 月 16 日，UR500 成功地完成了首次发射，发射地点是拜克努尔发射场。此次 UR500 的发射，将"质子"1 号科学考察卫星送入了太空，UR500 运载火箭也被更名为"质子"号运载火箭。

## 性能解析

　　"质子"号运载火箭主要的任务就是将探测器送入太空。由于改良后的"质子"号有着强大的运载能力，苏联的登月计划就考虑到了使用它来发射载人太空飞船。20 世纪 90 年代，俄罗斯将"质子"号运载火箭重新投入国际火箭市场，得到不少客户的青睐。1996 年 4 月，"质子"号将欧洲的"阿斯特拉 -1F"卫星发射入轨，完成了第一次商业发射。

"质子"号火箭后侧方特写

"质子"号火箭发射瞬间

"质子"号火箭后方特写

"质子"号火箭升空想象图

# 俄罗斯"呼啸"号

"呼啸"号运载火箭（Rockot）是苏联研发的一种小型运载火箭。

## 研发历史

在冷战结束后，俄罗斯库存了许多战前留下来的战略导弹，当地政府决定将这些导弹改造成运载火箭，一来可以很好地处理这些战略导弹，二来可以节省火箭的建造成本。礼炮设计局对 UR-100N 洲际导弹进行了一些改装，又在 UR-100N 上加装一个"和风"上面级，于是便成了"呼啸"号运载火箭。1990年，该火箭从拜科努尔航天中心的一个洲际导弹发射井里进行了第一次发射。"呼啸"号目前只用于发射运行于低地轨道的小型商业载荷，每次发射的费用大约是 1300 万～ 1500 万美元。

| 基本参数 | |
|---|---|
| 高度 | 29 米 |
| 直径 | 2.5 米 |
| 重量 | 107 吨 |
| 酬载 | 捷克"含羞草"卫星 |
| 首发时间 | 1990 年 11 月 20 日 |
| 发射次数 | 16 次 |
| 服役情况 | 现役 |

## 性能解析

在正常情况下，"呼啸"号运载火箭发射前的发射场准备时间为 23 天，但如果用户要求缩短发射时间，则可以缩短至 14 天。因此，"呼啸"号运载火箭每年的发射总数可以超过 10 次。目前，赫鲁尼切夫航天中心正在研究给"呼啸"号加装"和风 -KS"上面级，这样就能使"呼啸"号具备发射地球静止轨道载荷的能力。

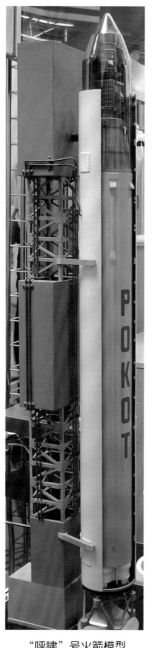

"呼啸"号火箭模型

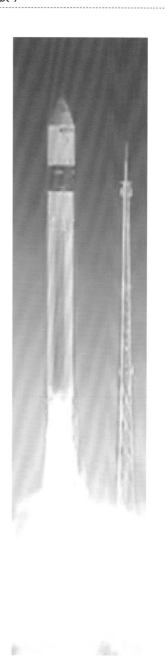

"呼啸"号火箭发射升空

# 俄罗斯"宇宙 –3M"号

"宇宙 –3M"号（Kosmos–3M）是俄罗斯用于国际商业发射服务的火箭之一。

## 研发历史

R–14 导弹是苏联设计的一种中程导弹，为了把导弹变成火箭，研究人员给 R–14 增加了第二级和级间分离装置，并调整了氧化剂箱结构。由 R–14 导弹改装而成的称为"宇宙 –1"运载火箭，由 R–14U 改装成的称为"宇宙 –3"运载火箭。但是"宇宙 –3"运载火箭的 3 次

| 基本参数 | |
|---|---|
| 高度 | 32.4 米 |
| 直径 | 2.4 米 |
| 重量 | 109 吨 |
| 酬载 | 合成孔径雷达 – 放大镜 |
| 首发时间 | 1967 年 5 月 15 日 |
| 发射次数 | 444 次 |
| 服役情况 | 现役 |

失败发射经验使工程师对其进行了改进，改进后的"宇宙 –3"被命名为"宇宙 –3M"。

## 性能解析

"宇宙 –3M"为两级串联式结构，采用液体发动机。第一级使用的引擎是 RD–216 引擎，由"动力机器"科学生产联合体负责生产；第二级的引擎由伊萨耶夫研制，包括一台单室非燃尽引擎和一台游动引擎。主引擎的特点是可多次点火，而且存在大推力、中间推力和小推力三种工作方式。在将航天器送入轨道时，需要第二级引擎两次点火，第一次点火后进入一条过渡弹道，用游动引擎保持稳定，第二次点火提速将航天器入轨。

"宇宙 –3M"号火箭示意图

R–14 导弹（左）与"宇宙 –3M"火箭（右）

# 俄罗斯"起飞"号

"起飞"号（Start–1）运载火箭是俄罗斯在 RT–2PM 洲际弹道导弹（北约代号 SS–25"镰刀"）基础上发展的一种小型运载火箭。

## 研发历史

1997 年 12 月，俄罗斯决定由航空航天局全面负责运载火箭系统。该局后来成立了"发射服务公司"，专门负责俄罗斯小型运载火箭的市场开发和弹道导弹转为运载火箭的工作，其中包括"起飞"号小型运载火箭的市场开发和发射操作。1993 年 3 月 25 日，"起飞"号进行首次试飞，但是以失败收场。1996 年 10 月，俄罗斯与加拿大签署合作协议，同意在加

| 基本参数 | |
| --- | --- |
| 高度 | 22.7 米 |
| 直径 | 1.61 米 |
| 重量 | 47.2 吨 |
| 酬载 | "晨鸟"号商业遥感卫星 |
| 首发时间 | 1993 年 3 月 25 日 |
| 发射次数 | 6 次 |
| 服役情况 | 现役 |

拿大北部的马尼托巴地区建设发射场，使用"起飞"号火箭提供商业发射服务。但由于双方政府方面的原因，此项目搁浅。1999 年 4 月，俄罗斯与以色列西印度洋空间公司签署了使用"起飞"号火箭发射 3 颗"地球资源观测卫星"（EROS）的合同。但由于卫星方面的原因，直到 2002 年 7 月，才完成了其中的一次发射任务。

## 性能解析

"起飞"号火箭的发射平台是机动的，保留了原洲际导弹的发射车和发射筒（RT–2PM 本身是最早采用公路机动发射的洲际导弹之一）。在发射时，先用压缩气体将火箭推出发射筒，然后第一级点火（即苏联洲际导弹普遍采用的冷发射模式）。

"起飞"号发射升空

"起飞"号火箭被运往发射台

# 以色列"沙维特"号

"沙维特"（Shavit）运载火箭是以色列航空工业公司为以色列研制的小型卫星运载火箭。

## 研发历史

1988年9月19日"沙维特"火箭酬载"地平线"号卫星在以色列太空总署附近的海岸首次发射并成功将卫星运抵轨道，这次发射使以色列成为第八个有能力将卫星发射至为太空的国家。

| 基本参数 | |
|---|---|
| 高度 | 26.4 米 |
| 直径 | 2.3 米 |
| 重量 | 30.5 ～ 70 吨 |
| 酬载 | "地平线"号卫星 |
| 首发时间 | 1988 年 9 月 19 日 |
| 发射次数 | 9 次 |
| 服役情况 | 现役 |

## 性能解析

"沙维特"是一种三节式火箭，前两节为固体燃料，由以色列军事工业公司制造，第三节由拉斐尔公司制造。根据美国劳伦斯利物莫国家实验室的估计，"沙维特"前两级上的导弹有效载荷为 900 千克，射程为 4800 千米或者有效载荷为 500 千克，射程为 7600 多千米。

# 法国"钻石"号

"钻石"号（Diamant）是法国第一种完全自行研制的运载火箭，为其后的"欧罗巴"号运载火箭打下了基础。

## 研发历史

"钻石"号系列运载火箭起源于"宝石军事计划"的五部原型机：玛瑙、黄玉、翡翠、红宝石和蓝宝石。"钻石"号于 1965 年间共发射 12 次，其中有 9 次成功。首次发射时间是在 1965 年 11 月 26 日运载 Asterix 卫星

| 基本参数 | |
|---|---|
| 高度 | 18.95 米 |
| 直径 | 1.34 米 |
| 重量 | 18.4 吨 |
| 酬载 | Asterix 卫星 |
| 首发时间 | 1965 年 11 月 26 日 |
| 发射次数 | 12 次 |
| 服役情况 | 退役 |

成功升空。虽然成功，但法国国家发射系统在 1975 年还是被欧洲的"亚利安"运载火箭系统取代。

## 性能解析

　　"钻石"号系列运载火箭的型号包括 A 型、B 型、BP4 型。"钻石" A 型为"钻石"号系列火箭的第一种型号，在 1965—1967 年发射 Asterix 及其他三台小型卫星。"钻石" B 型相较于前者在第一节上有所改良，其引擎可产生 316 千牛顿至 400 千牛顿（引擎随高度上升，压力改变而略有不同），推进时间为 116 秒。"钻石"BP4 型改良了第二节火箭，第一节及第三节仍与先前的型号相同，"钻石"BP4 型于 1975 年执行了三次任务，都获得了成功，共发射了四颗人造卫星至轨道。

"钻石"号火箭整流罩

"钻石"号火箭局部特写

# 第6章
# 航天飞机

　　航天飞机是一种有人驾驶、可重复使用的、往返于太空和地面之间的航天器。它既能像运载火箭那样把人造卫星等航天器送入太空，也能像载人飞船那样在轨道上运行，还能像滑翔机那样在大气层中滑翔着陆。航天飞机为人类自由进出太空提供了便利的工具，是航天史上的一个重要里程碑。

# 美国"企业"号

"企业"号（Enterprise）航天飞机是美国航天飞机计划中第一架原型机。

## 研发历史

1969 年 1 月 31 日，美国航空航天局（NASA）与其他几家公司包括麦道公司、罗克威尔公司和洛克希德公司在内的大牌公司签署了一份合同，内容是合作研发一种太空

| 基本参数 | |
| --- | --- |
| 首飞时间 | 1977 年 2 月 15 日 |
| 最后飞行时间 | 2012 年 4 月 27 日 |
| 有效载荷 | 29500 千克 |
| 服役情况 | 退役 |

往返运输工具。1971 年 1 月 19 日，美国航天局拟订了运输工具的设计方案。1977 年 2 月，美国航空航天局对之前的构想做出了实际行动，在爱德华空军基地进行了新型运输工具的建造，并将其命名为"企业"号航天飞机。10 月 26 日，"企业"号结束了在爱德华空军基地的实验，由母机驮着飞往马歇尔航天中心，在那里进行了八个月的结构振动实验，随后被送往肯尼迪空间中心，在这里"企业"号被确认为只做实验飞行器，以便为以后的航天飞机开辟道路。

## 性能解析

"企业"号可分为三部分：第一部分是机身头部的加压宇航员舱，分为上、中、下三个区；第二部分是机身中部的载荷舱，该舱有 2 扇长门，并各自用铰链连接在载荷舱两侧的边缘，舱门用环氧石墨制成，并装有环状氟利昂冷却器；第三部分就是机尾的后舱，该舱由功能型底座（主要支撑航天飞机主引擎、操纵系统和后襟翼）、外部罩以及与外贮箱相连的装置组成。

"企业"号被吊运至"无畏"号航空母舰甲板上

准备发射的"企业"号航天飞机

"企业"号侧面特写

"企业"号航天飞机由运输机背负飞越纽约

# 美国"挑战者"号

　　"挑战者"号（Challenger）是美国国家航空航天局（NASA）肯尼迪太空中心旗下的一架航天飞机。

## 研发历史

　　1972 年"挑战者"号建造完工，主要的功能是用来测试机身结构的安全性。在"挑战者"号航天飞机完成了测试任务之后，它被改装成了正式的轨道载具，并于 1983 年 4 月 4日进行了首飞。1986 年，"挑战者"号航天飞机在一次执行任务中不幸爆炸，当时在机上的7 名宇航员，全部在此次意外中去世。

| 基本参数 | |
|---|---|
| 首飞时间 | 1983 年 4 月 4 日 |
| 最后飞行时间 | 1986 年 1 月 28 日 |
| 乘员 | 60 人 |
| 飞行距离 | 41527414 千米 |
| 升空次数 | 10 次 |
| 飞行时间 | 62.33 天 |
| 服役情况 | 退役 |

## 性能解析

　　航天飞机本身虽然是一种需要承受极大外力的飞行工具，但它同时也需要尽可能地减轻自重，因此几乎整架机身的每一部分，都负担了非常大的结构应力。但考虑到当年的电脑技术有限，工程师并没有把握仅靠软件模拟就能将航天飞机在受到机械负荷与热负荷情况下的表现计算到非常精准的程度。为了安全，唯一的解决方法就是用真的航天飞机进行测试分析，这也是"挑战者"号的主要功能。

"挑战者"号航天飞机在发射台

正在发射的"挑战者"号航天飞机

"挑战者"号航天飞机被运往肯尼迪太空中心

# 美国"发现"号

"发现"号（Discovery）航天飞机是美国航天局旗下第三架执行太空飞行任务的航天飞机，负责进行各种科学研究。

## 研发历史

1984 年 8 月 30 日，"发现"号航天飞机首次发射升空，此次任务为期 6 天，主要是将 3 颗卫星送入太空，测试用于太空的太阳能电池板的新技术。2011 年 3 月 7 日，"发现"号航天飞机脱离国际空间站，9 日在肯尼迪航天中心安全着陆，结束了近 27 年的飞行。

| 基本参数 | |
|---|---|
| 首飞时间 | 1984 年 8 月 30 日 |
| 最后飞行时间 | 2011 年 2 月 24 日 |
| 乘员 | 246 人 |
| 飞行距离 | 230003477 千米 |
| 升空次数 | 38 次 |
| 飞行时间 | 351.74 天 |
| 服役情况 | 退役 |

## 性能解析

"发现"号航天飞机后段机身有 3 个主发动机，帮助将其发射到太空。"发现"号航天飞机的建造借鉴了"挑战者"号、"企业"号和"哥伦比亚"号航天飞机的飞行数据与经验，所以在设计上较为成熟。为避免"发现"号航天飞机在重返大气层时被炽热的气体烧坏，工程师设计出超轻隔热瓦，"发现"号机翼下方安装了数千块这样超级耐高温的黑色隔热瓦，而且每块都是定做的。

"发现"号发射升空

飞往国际空间站的"发现"号航天飞机

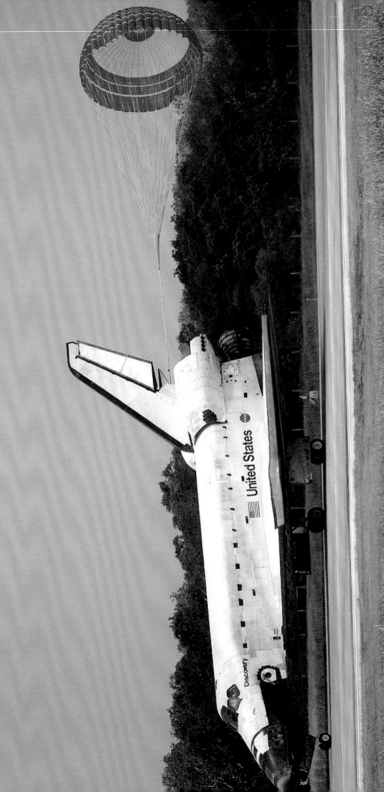

"发现"号降落在肯尼迪航天中心

# 美国"亚特兰蒂斯"号

"亚特兰蒂斯"号（Atlantis）航天飞机是美国第四架航天飞机。

## 研发历史

美国航空航天局（NASA）于 1985 年建造了该航天飞机，该机的首飞是一次机密行动，它将美国的两颗国防通信卫星送入太空。1989 年"亚特兰蒂斯"号将"伽利略"号和"麦哲伦"号行星探测器送入太空；1991 年将"康普顿伽马射线"观测台送入太空；1996 年将美国宇航员莎朗·露西德

| 基本参数 | |
| --- | --- |
| 首飞时间 | 1985 年 10 月 3 日 |
| 最后飞行时间 | 2011 年 7 月 8 日 |
| 乘员 | 191 人 |
| 飞行距离 | 194168813 千米 |
| 升空次数 | 32 次 |
| 飞行时间 | 293.77 天 |
| 服役情况 | 退役 |

送到了俄罗斯的"和平"号空间站，露西德在空间站上停留了 6 个月，打破了太空停留时间的最长纪录，之后"亚特兰蒂斯"号航天飞机又把她接回了地面。2011 年，"亚特兰蒂斯"号前往国际空间站执行最后一次任务。

## 性能解析

"亚特兰蒂斯"号采用模块化设计，整个系统包括外部燃料箱、一对固体火箭助推器和轨道器。外部燃料箱是航天飞机三大模块中唯一不能重复使用的部分，外表为铁锈颜色，主要由前部液氧箱、后部液氢箱以及连接前后两箱的箱间段组成。外部燃料箱负责为航天飞机的 3 台主发动机提供燃料。火箭助推器中装有助推燃料，平行安装在外部燃料箱的两侧，为航天飞机垂直起飞和飞出大气层进入轨道，提供额外推力。轨道器是整个航天飞机系统的主体，机身是一个大货舱，可以与国际空间站对接，里面还安装有遥控机械臂，用于搬运货物或进行轨道器检查等工作。机尾是 3 台主发动机。

太空中的"亚特兰蒂斯"号

"亚特兰蒂斯"号准备发射

即将发射执行 STS-122 任务的"亚特兰蒂斯"号

# 美国"哥伦比亚"号

"哥伦比亚"号（Columbia）航天飞机是美国第一架正式服役的航天飞机。

## 研发历史

    自从"企业"号航天飞机实验成功后，美国航天局就开始策划建造一艘"真正"的航天飞机。在若干科学家的研究以及各大公司的资助下，于 1981 年建造出了"哥伦比亚"号航天飞机，它是第一架用于在太空和地面之间往返运送宇航员和设备的航天飞机。它

| 基本参数 | |
|---|---|
| 首飞时间 | 1987 年 4 月 21 日 |
| 最后飞行时间 | 2003 年 2 月 1 日 |
| 乘员 | 160 人 |
| 飞行距离 | 201497772 千米 |
| 升空次数 | 28 次 |
| 服役情况 | 退役 |

第一次飞行的任务只是测试轨道飞行和着陆能力，在太空飞行 54 小时，环绕地球飞行 36 周之后安全着陆。"哥伦比亚"号的命名是纪念第一艘环绕世界一周航行的美国籍船只，也是"哥伦比亚"号命名由来的 18 世纪帆船"哥伦比亚"号。

## 性能解析

    "哥伦比亚"号集火箭、卫星和飞机的技术特点于一身，既能像火箭那样垂直发射进入空间轨道，又能像卫星那样在太空轨道飞行，还能像飞机那样再入大气层滑翔着陆，是一种新型的多功能航天飞行器。

"哥伦比亚"号航天飞机发射升空

"哥伦比亚"号准备执行第一次任务

"哥伦比亚"号航天飞机模型

"哥伦比亚"号航天飞机降落在肯尼迪航天中心

# 美国"奋进"号

"奋进"号航天飞机（Endeavour）是美国国家航空航天局（NASA）旗下第五架实际执行太空飞行任务的航天飞机。

## 研发历史

1986 年，"挑战者"号航天飞机爆炸后，美国航天局打算建造一艘新型的航天飞机。经过几年的设计和实验，1991 年，新型的航天飞机"奋进"号诞生了。1992 年 5 月 7 日，"奋进"号进行了首次发射飞行。为了能担任即将建造成的国际空间站的补给运输任

| 基本参数 | |
| --- | --- |
| 首飞时间 | 1992 年 5 月 7 日 |
| 最后飞行时间 | 2011 年 5 月 16 日 |
| 乘员 | 148 人 |
| 飞行距离 | 166003247 千米 |
| 升空次数 | 25 次 |
| 飞行时间 | 296 天 |
| 服役情况 | 退役 |

务，1996 年，"奋进"号在加利福尼亚州棕榈谷进行了时长为 8 个月的绕地球维修，在这期间工程师还为该航天飞机改装了与国际空间站进行接驳用的外部空气锁。

## 性能解析

从某种角度来说，"奋进"号是一架"拼装航天飞机"，它是以"发现"号和"亚特兰蒂斯"号建造合约中一批同时生产的备用结构零件为基础，额外组装出来的，目的是填补"挑战者"号意外坠毁后留下的任务空缺。"奋进"号航天飞机有 4 个改良的地方：第一，该机拥有 1 具直径约 12.2 米的新型减速伞，能够缩短航天飞机落地后的减速滑行距离；第二，增加了一些配合延伸绕行期限的管线与电路联结，将绕地球运行期限延长到了 28 天；第三，升级了航电系统，包括较先进的通用任务计算机、改良的惯性量测单元和策略性飞行导航等；第四，增加了新型的辅助动力系统，用来提供其液压系统所需的动力。

准备发射的"奋进"号航天飞机

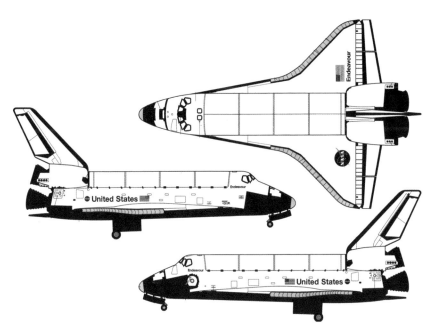

"奋进"号航天飞机三视图

"奋进"号内部控制室

# 美国"开路者"号

"开路者"号 (Pathfinder) 航天飞机是一架由钢铁和木材建造的模拟航天飞机。

## 研发历史

　　"开路者"号于 1977 年建造于马歇尔航天中心，后运往肯尼迪航天中心作为地面测试之用，实际上不具备飞行能力。在退役数年后，一家日本财团资助了对其的重新装饰，使其看起来更加像一架真正的航天飞机，并命名其为"开路者"号。1983—1984 年，"开路者"号被展示于东京。之后，"开路者"号运回美国，在美国太空及火箭中心（United States Space & Rocket Center）展览。

## 性能解析

　　由于"开路者"号与真正的航天飞机具有相似的重量、形状和尺寸，一些测试可以直接在其身上进行，而不必使用更加精密且昂贵的"企业"号航天飞机。

"开路者"号在 NASA 马歇尔太空飞行中心

"开路者"号在美国太空火箭中心

"开路者"号侧面特写

"开路者"号后侧方特写

# 美国 X-15

X-15（North America X-15）是一架由北美航空所承制开发的火箭动力实验机。

## 研发历史

1958 年之前，美国空军和美国国家航空咨询委员会的官员提出了轨道运行式 X-15（X-15B）的方案，这种 X-15 将会被一具 SM-64 纳瓦荷式火箭（SM-64 Navaho missile）送入太空。X-15 的首飞是在 1959 年 6 月 8 日，飞行员为史考特·克劳斯菲尔德（Scott Crossfield），这次飞行实际上是一次无动力滑翔。同年 9 月 17 日进行了第一次有动力飞行。1960 年 11 月 15 日进行了第一次使用 XLR-99 发动机的飞行。

| 基本参数 | |
| --- | --- |
| 首飞时间 | 1959 年 6 月 8 日 |
| 最后飞行时间 | 1968 年 10 月 24 日 |
| 乘员 | 1 人 |
| 最大速度 | 7274 千米 / 时 |
| 建造数量 | 3 架 |
| 服役情况 | 退役 |

## 性能解析

由于火箭发动机燃料消耗量惊人，所以 X-15 必须由 1 架 B-52 载机带入空中。从载机上释放后，X-15 自身携带的燃料只能飞行 80 ～ 120 秒，因此余下来的 10 分钟左右只能是无动力滑翔。降落时，X-15 机身前部下方安装有常规机轮，机身后部则为 2 个着陆滑橇。由于采用了火箭发动机，X-15 是迄今为止人类研制的速度最快的有人驾驶飞机。

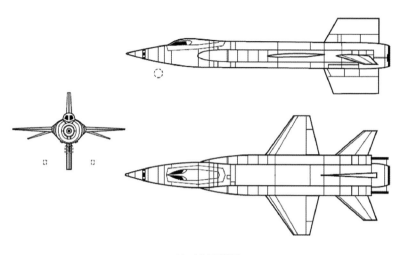

X-15 三视图

X-15 极速飞行想象图

# 美国"太空船"1 号

"太空船"1 号( Space Ship One )是由美国缩尺复合体公司制造的太空飞机。

## 研发历史

　　"太空船"1 号进行过多次飞行。2003 年 5 月 20 日进行首次飞行之后，次年 6 月 21 日，"太空船"1 号又完成了第一次私人资本人类太空飞行，并且在 10 月 4 日，达成两周之内载 3 个人（或相等重量物品）作两次高度 100 千米的飞行，而飞机的替换不得超过空重（除燃料之外的重量）10% 的条件，因而赢得了 1000 万美元的安萨里 X 大奖。

| 基本参数 | |
| --- | --- |
| 首飞时间 | 2003 年 5 月 20 日 |
| 最后飞行时间 | 2004 年 10 月 4 日 |
| 乘员 | 3 人 |
| 建造数量 | 1 架 |
| 服役情况 | 退役 |

## 性能解析

　　"太空船"1 号和航天飞机不同，它先由另一架飞机"白色骑士"号载上高空后才开始自行飞行。"太空船"1 号的速度不会超过第一宇宙速度，因而无法进入轨道，和美军试验飞机 X–15 比较接近。"太空船"1 号使用"混合式"固体火箭引擎，有双尾翼以及可变的半三角翼机翼，在不同的阶段机翼会呈现不同的状态。

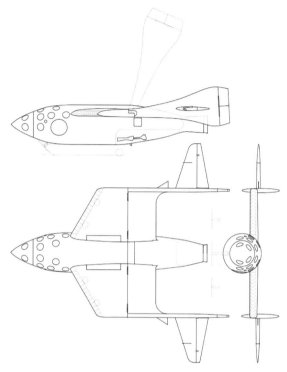

"太空船"1号三视图

起飞中的"太空船"1号

"太空船"1号在博物馆参展

"太空船"1号进行着陆

# 美国"太空船"2号

"太空船"2号（Space Ship Two）是由缩尺复合体公司及维珍集团共同的合资企业开发的亚轨道飞机，以携带太空游客。

## 研发历史

"太空船"2号飞机于2009年9月7日正式向公众宣布。2014年10月前，"太空船"2号已经进行了54次试飞。在这些飞行试验中飞船10次使用了它的"羽毛"翼布局。2014年10月31日上午10时左右，"太空船"2

| 基本参数 | |
|---|---|
| 首飞时间 | 2010年10月10日 |
| 乘员 | 2人 |
| 最大速度 | 4000千米/时 |
| 建造数量 | 2架 |
| 服役情况 | 退役 |

号在脱离母船准备继续升空没多久后发生爆炸，随即整架太空船断成两半快速坠落，最后坠毁在加州莫哈韦沙漠中。

## 性能解析

"太空船"2号起飞由太空船载机"白色骑士"2号搭载，在18千米高空将"太空船"2号抛下，然后火箭助推器点火，舱内人员穿增压服抵抗重力加速度。达到3.3马赫后，火箭发动机关闭，"太空船"2号依靠惯性爬升至110千米处，然后进行自由落体。在火箭发动机关闭到再入大气层之间大约会经历4.5分钟的失重状态。下降时采用与"太空船"1号相同的减速系统。

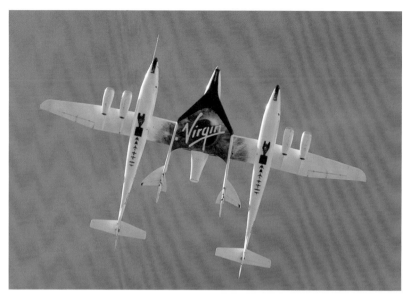

"太空船" 2 号底部特写

"太空船" 2 号进行超音速动力飞行

# 苏联"暴风雪"号

"暴风雪"号（Buran）航天飞机大小与普通大型客机相差无几，外形机翼呈三角形。

## 研发历史

20世纪70年代初，美国制订了研制航天飞机的计划，目的是为了发展一种更经济的轨道运输工具以取代飞船和运载火箭。苏联得知此事之后，认为美国可能是将这种飞机作为搭载核武器的工具，为了与美国相抗衡，决定研发类似的航天飞机，将其命名为"暴风雪"号。

| 基本参数 | |
|---|---|
| 首飞时间 | 1988年11月15日 |
| 最后飞行时间 | 1988年11月15日 |
| 乘员 | 0人 |
| 升空次数 | 1次 |
| 飞行时间 | 3小时 |
| 服役情况 | 退役 |

## 性能解析

"暴风雪"号航天飞机主引擎是在"能源"号运载火箭上，大大地减轻了航天飞机的入轨重量，虽然它比美国的航天飞机略大了一些，但它的重量反而减轻了约5吨，这样就可以多装一些物资。"能源"号运载火箭一、二级均采用液体推进剂，因而该火箭的可靠性较高，此外，万一"暴风雪"号航天飞机发生故障，可用自身的机动引擎进入较低的轨道或立即返回发射场，大大提高了航天飞机的安全性能。"暴风雪"号虽然没有主引擎，但有2台小型机动引擎，着落时如果第一次着落不成，还可以像普通飞机一样拉起来，再次进行着落，安全性能比较高。在轨道运行时，"暴风雪"号完全依靠无人自动驾驶，其技术难度更大。

"暴风雪"号头部特写

"暴风雪"号后方特写

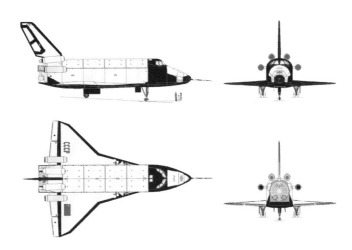

"暴风雪"号航天飞机三视图

"暴风雪"号准备发射升空

# 苏联"小鸟"号

　　"小鸟"号（Little Bird）是苏联暴风雪太空航天飞机计划中的第二架航天飞机。

## 研发历史

　　"小鸟"号航天飞机于 1988 年开始建造。1993 年暴风雪太空航天飞机计划停止后，航天飞机的建造也随之停止，当时整机已经完成了 95%~97% 的建设。"小鸟"号航天飞机现

| 基本参数 | |
| --- | --- |
| 建造时间 | 1988 年 |
| 升空次数 | 0 次 |
| 飞行时间 | 0 |
| 飞行距离 | 0 千米 |
| 服役情况 | 退役 |

由哈萨克斯坦所拥有，被拜科努尔航天发射场博物馆收藏。

## 性能解析

　　苏联官方在 1989 年曾对"小鸟"号和暴风雪号计划了多个飞行任务。按原定计划，小鸟号将在 1991 年进行两次无人飞行，进行与"和平"号太空站"水晶"号舱自动对接和其他测试，但因计划停止而未能实行。

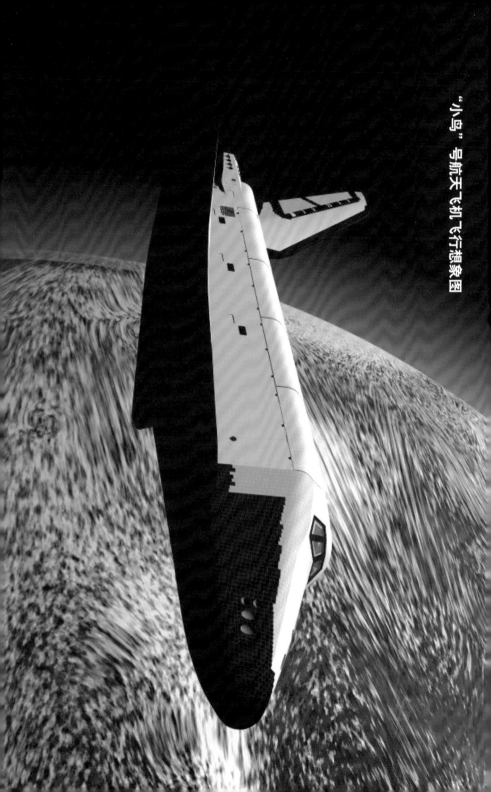

"小鸟"号航天飞机飞行想象图

# 第 7 章
# 航天探测器

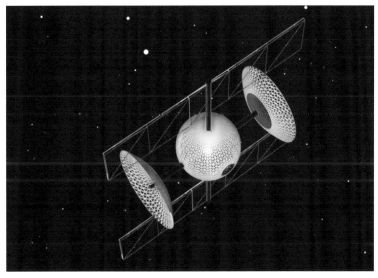

　　航天探测器是对月球和月球以外的天体和空间进行探测的无人航天器。按探测的对象又分为月球探测器、行星和行星际探测器、小天体探测器等。航天探测器装载科学探测仪器，由运载火箭送入太空，飞近月球或行星进行近距离观测，着陆进行实地考察或采集样品进行研究分析。

# 美国"先驱者"1号

"先驱者"1号（Pioneer 1）是美国国家航空航天局（NASA）成立后发射的第一个月球探测器。

## 研发历史

"先驱者"1号原计划探测月球，但由于发射载具提前 10 秒熄火，故停留在 113800 千米处的大椭圆轨道上。本来工作

| 基本参数 | |
| --- | --- |
| 任务类型 | 行星探测 |
| 探测对象 | 月球 |
| 发射时间 | 1958 年 10 月 11 日 |
| 发射手段 | 雷神系列火箭 |

人员计划让"先驱者"1号进入一条地球轨道使它能够成为地球人造卫星，以便长期获得观测数据。但由于电池温度太低而点火失败。"先驱者"1号在运行了 43 小时后进入地球大气层，最后坠落到南太平洋。

## 性能解析

"先驱者"1号由两个多层玻璃纤维圆锥和一个圆柱体组成，玻璃纤维被涂上黑、白两色以调节温度。探测器的顶部是一枚制动火箭，底部是 8 枚可抛弃的固体火箭。这些微调火箭呈环状排布，总质量达 11 千克。圆环的直径为 74 厘米，两个圆锥锥尖的距离为 76 厘米。圆锥内还安放了磁场探测仪，红外摄像机则被安置在圆柱体内。此外还有测量空间放射性的电离室，用来探测微小陨石的隔膜 / 麦克风系统以及记录探测器内部情况的测温电阻。所有的这些科学仪器总质量为 17.8 千克。探测器内设置了镍镉电池、银电池、水银电池来为不同的系统供电。

"先驱者"1号准备发射升空

"先驱者"1号卫星特写

# 美国"先驱者"5 号

"先驱者"5 号（Pioneer 5）是美国国家航空航天局发射的空间探测器。

## 研发历史

| 基本参数 | |
| --- | --- |
| 任务类型 | 行星探测 |
| 探测对象 | 地球／金星 |
| 发射时间 | 1960 年 3 月 11 日 |
| 发射手段 | "德尔塔"系列火箭 |

　　1960 年 3 月 11 日，"先驱者"5 号从卡纳维拉尔角发射升空，数分钟后就达到了第二宇宙速度，经过轨道调整之后进入了一条环绕太阳的轨道，这条轨道和黄道面之间的夹角为 3.35°。"先驱者"5 号的主要任务是测量地球与金星之间宇宙空间内的磁场分布情况，虽然设计寿命只有一个月，但实际上工作了 106 天。这是"先驱者计划"中继"先驱者"4 号之后第二个成功完成任务的探测器。

## 性能解析

　　为了将数据传回地球，"先驱者"5 号配备了两台信号转发器，其功率分别为 5 瓦及 150 瓦。根据距离地球的远近，全向天线可以按 1 比特／秒、8 比特／秒、64 比特／秒三种速率传输数据。在科学设备方面，"先驱者"5 号配备了比例辐射计数器、电离室、盖革计数器、磁力计和微陨石计数器，这些科学仪器在其主体结构的 43 千克中占据了 18 千克。

# 美国"先驱者"10号

"先驱者"10 号（Pioneer 10）探测器由美国发射，用于探测行星和行星际探测器系列之一。

## 研发历史

"先驱者"10 号是 NASA 在 1972 年 3 月 2 日发射的一艘重 258 千克的非载人航天器，用意是为了研究小行星带、木星的周边环境、太阳风、宇宙射线以及太阳系与太阳圈之中最远能够到达的地方。它是人类历史上第一个安全通过火星与木星之间的小行星带，以及第一个拜访木星的航天器。1983 年 6 月 13 日，它飞越海王星轨道，成为第一个离开八大行星范围的人造物体。当时的速度高达 14 千米/秒。2003 年 1 月 23 日，由于发射功率不足，它在距离地球 122.3 亿千米处与地球失去联络。

| 基本参数 | |
|---|---|
| 任务类型 | 行星探测 |
| 探测对象 | 各大行星 |
| 发射时间 | 1972 年 3 月 3 日 |
| 发射手段 | 擎天神－半人马运载火箭 |

## 性能解析

"先驱者"10 号探测器由两个多层玻璃纤维圆锥和一个圆柱体组成，玻璃纤维被涂上黑、白两色以调节温度。探测器的顶部是一枚制动火箭，底部是 8 枚可抛弃的固体火箭。这些微调火箭呈环状排布，总重达 11 千克。圆环的直径为 74 厘米，两个圆锥锥尖的距离为 76 厘米。圆锥内还安放了磁场探测仪，红外摄像机则被置在圆柱体内。此外还有测量空间放射性的电离室，用来探测微小陨石。

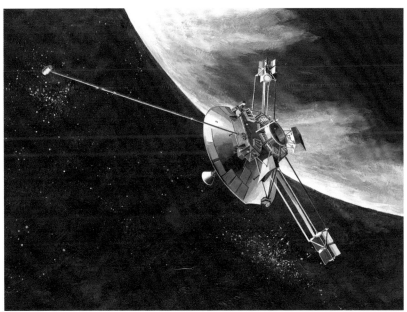

"先驱者" 10 号在太空工作想象图

"先驱者" 10 号最后组装阶段

"先驱者" 10 号进行发射升空

# 美国"先驱者"11 号

"先驱者"11 号（Pioneer 11）是美国第二个用来研究木星和外太阳系的空间探测器。

## 研发历史

1973 年 4 月 6 日，"先驱者"11 号探测器在位于佛罗里达州的卡纳维尔角成功发射。与"先驱者"10 号不同的是，"先驱者"11 号不仅对木星、金星探测，同时还利用了木星的强大引力去改变它的轨道飞向土星。在靠近土星后，就顺着它的逃离轨道离开太阳系。

| 基本参数 | |
| --- | --- |
| 任务类型 | 行星探测 |
| 探测对象 | 各大行星 |
| 发射时间 | 1973 年 4 月 6 日 |
| 发射手段 | 擎天神 – 半人马运载火箭 |

## 性能解析

"先驱者"11 号探测器以两个放射性同位素热电机（RTG）作为能源，在拜访木星时仍能产生 144 瓦特，但到达土星时只能产生 100 瓦特的功率。探测器上的三对火箭推进器，负责控制转轴及为探测器提供动力。

"先驱者" 11 号发射升空

"先驱者" 11 号在太空工作想象图

# 美国"勘测者"1 号

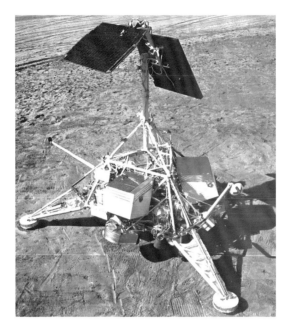

　　"勘测者"1 号（Surveyor 1）探测器是第一艘登陆月球的"勘测者"航天器，主要为了协助宇航员探测月球。

## 研发历史

　　美国由于要发射"阿波罗"号飞船登月，所以研发了"勘测者"系列不载人月球探测器，协助宇航员完成任务。自 1966 年 5 月 30 日，"勘测者"1 号进行首次发射，直接进入月球

| 基本参数 | |
| --- | --- |
| 任务类型 | 行星探测 |
| 探测对象 | 月球 |
| 发射时间 | 1966 年 5 月 30 日 |
| 发射手段 | 擎天神 – 半人马运载火箭 |

撞击弹道，引擎在月球表面上高度 3.4 米处关闭。"勘测者"1 号在这个高度上自由下落，于 1966 年 6 月 2 日登陆在月球表面的风暴洋。"勘测者"1 号在着陆后很短的时间就开始传送资料，直到 1966 年 7 月 14 日。而在 6 月 14 日至 7 月 7 日的月球夜晚时间，"勘测者"1 号暂时停止运作。

## 性能解析

　　"勘测者"1 号的主要仪器和设备有：电视摄像机、测定月面承载能力的仪器、月壤分析设备和微流星探测器。"勘测者"1 号是美国第一个在月球上实现软着

陆的探测器，在 1966 年 6 月 14 日的月球日落之前，包括广角和窄视野、全景影像、测距调查、光度测量、特别地区测量和天体摄影等，"勘测者" 1 号传送了超过 10000 幅的影像。航天器回应了命令，启动相机从 1966 年 7 月 7 日至 14 日，又传送回了另外约 10000 幅的影像。

"勘测者" 1 号发射升空瞬间

"勘测者" 1 号在太空工作想象图

# 美国"水手"2 号

"水手"2 号（Mariner 2）探测器是美国发射的第二个水手系列探测器。

## 研发历史

1962 年 8 月 27 日，美国成功发射了一枚太空探测器——"水手"2 号。自 20 世纪 60 年代美国实施太空行星勘测计划后，"水手"2 号是第一个近距离勘测火星的探测器。在 1962 年 12 月 14 日，"水手"2 号以距金星 34773 千米的距离通过金星，并于 1963 年 1 月 3 日前持续不断地传回所侦测的资料，整体而言此行的任务是极为成功的。目前，"水手"2 号仍然运行于太阳轨道中。

| 基本参数 | |
| --- | --- |
| 任务类型 | 行星探测 |
| 探测对象 | 火星 / 金星 |
| 发射时间 | 1962 年 8 月 27 日 |
| 发射手段 | 宇宙神 – 爱琴娜运载火箭 |

## 性能解析

"水手 2 号"长距离飞行所需的电源，是由两片 183 厘米 ×76 厘米以及 152 厘米 ×76 厘米的太阳能板所供应。发射后 44 分钟，太阳能电池完全展开。"水手"2 号探测仪器在全程的巡航任务中均正常地维持操作功能，（除了辐射探测器失效外）。

工作人员正在检查"水手"2号探测器

"水手"2探测器示意图

"水手" 2 号探测器准备发射升空

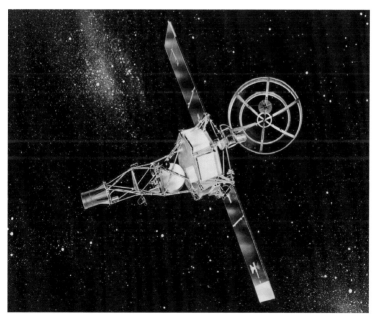

"水手" 2 号探测器在太空工作想象图

# 美国"水手"4号

"水手"4号（Mariner 4）探测器是第一个成功飞越火星的探测器。

## 研发历史

为了能近距离地观测火星，对其地表以及粒子测量，也为了提供长途星际飞行的经验和知识，美国航天局设计制造了第2颗火星探测器——"水手"4号，它于1964年11月28日成功发射。

| 基本参数 | |
|---|---|
| 任务类型 | 行星探测 |
| 探测对象 | 火星 |
| 发射时间 | 1964年11月28日 |
| 发射手段 | 擎天神－爱琴娜火箭 |

## 性能解析

"水手"4号探测器呈八角形，由镁合金制成，总高度为2.89米，对角线长度1270毫米，高度457毫米。八角形框架里容纳了电子器材、缆线、中途推进系统及姿势控制气体供应调节器。除了电视相机之外，其还有磁力计、尘埃侦测器、宇宙射线望远镜、太阳等离子侦测器及离子室，大部分科学仪器置于框架的外面。

在"水手"4号外侧还装有4个太阳能面板，里面设置有28224个太阳能电池，在火星上可为"水手"4号提供310瓦的电力，除此之外，还有一个可充电的银锌电池用于操纵和备份。

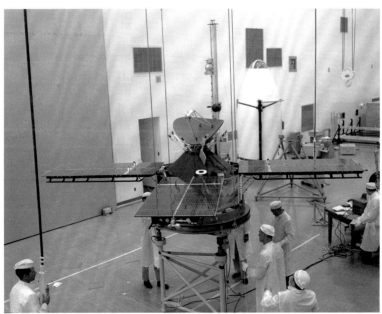

"水手" 4 号准备进行测试

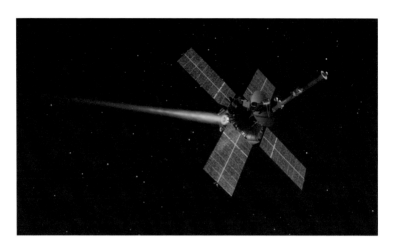

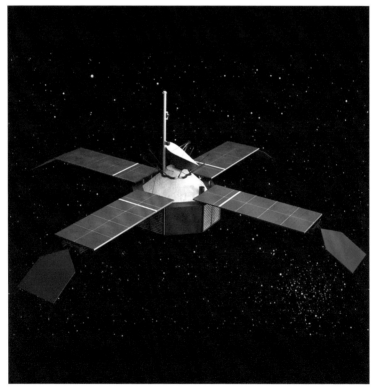

"水手" 4 号在太空工作想象图

# 美国"水手"7 号

"水手"7 号（Mariner 7）是美国发射的一枚火星探测器，它和"水手"6号有着完全相同的结构。

## 研发历史

"水手"7 号是美国"水手计划"发射的第七颗太空探测器。1969 年 3 月 27 日，"水手"7 号由"擎天神"火箭成功发射升空，8

| 基本参数 | |
| --- | --- |
| 任务类型 | 行星探测 |
| 探测对象 | 火星 |
| 发射时间 | 1969 年 3 月 27 日 |
| 发射手段 | 擎天神火箭 |

月 5 日探测器到达距离火星 3430 千米处，共传回了 126 张火星地表的影像，其中包含了 93 张远距离接触的火星照片，以及 33 张近距离接触的影像。

## 性能解析

"水手"7 号探测器主要执行拍照和研究火星大气及其化学成分的任务。"水手"7 号用来飞越火星赤道及南半球进行探测，更进一步地提供有关火星的大气相关数据。

# 美国"水手"10 号

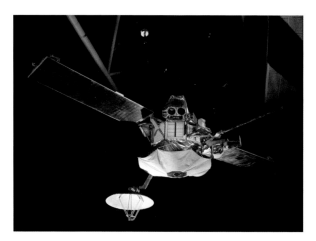

"水手"10 号（Mariner 10）探测器是美国"行星探测"计划中的第 10 个探测器。

## 研发历史

| 基本参数 | |
|---|---|
| 任务类型 | 行星探测 |
| 探测对象 | 金星 / 水星 |
| 发射时间 | 1973 年 11 月 3 日 |
| 发射手段 | 擎天神 – 半人马运载火箭 |

1973 年 11 月 3 日，"水手"10 号被成功发射至太空，11 月 13 日进行了轨道调整，以便观测金星。1974 年 2 月 5 日，"水手"10 号飞越金星，并拍摄到钩卷云的照片，确认金星大气层的活动。在"水手"10 号抵达金星之前，地面望远镜也曾观测到金星大气层有些变化，1974 年 3 月 29 日，"水手"10 号飞掠水星，当时距离水星只有 703 千米，9 月 21 日，"水手"10 号再一次接近水星。1975 年 3 月 16 日，"水手"10 号第三次靠近水星，这一次是距离水星最近的一次，当时距离水星只有 327 千米。

## 性能解析

"水手"10 号创下了多个"第一"，其中包括：第一个探测过水星的探测器；第 1 艘利用行星重力同时探测两颗行星的探测器（就是以重力弹弓效应来加速，进入金星重力影响区内，接着靠金星的重力将探测船抛至另一个轨道来接近水星）。直到现在，尽管船身上的电子仪器可能受到太阳辐射线的影响而损坏，"水手"10 号仍旧在轨道上围绕太阳运行着。

"水手" 10 号发射升空

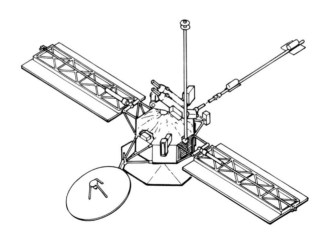

"水手" 10 号探测器示意图

# 美国"徘徊者"5 号

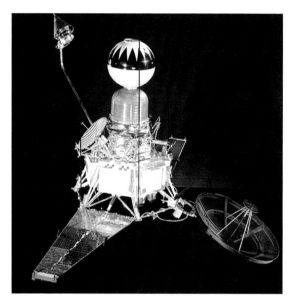

"徘徊者"5 号（Ranger 5）是美国的无人行星探测任务"徘徊者计划"的第 5 颗无人探测器。

## 研发历史

"徘徊者"5 号在 1962 年 10 月 18 日成功发射，它被设计成在撞击前 10 分钟内将月球表面的影像传送回地球，将测震仪抛掷在月球上，并在飞行途中搜集 γ 射线的资料，研

| 基本参数 | |
| --- | --- |
| 任务类型 | 行星探测 |
| 探测对象 | 月球 |
| 发射时间 | 1962 年 10 月 18 日 |
| 发射手段 | 擎天神 – 爱琴娜运载火箭 |

究月球表面反射的雷达波，和继续测试"徘徊者计划"发展出的月球和行星际探测器。由于不明原因的故障，"徘徊者"5 号失去了动力并停止了运作，以 725 千米的距离错过了月球。

## 性能解析

"徘徊者"5 号的姿态控制由 6 个太阳和地球感测器、陀螺仪和抛射和转动的喷嘴来控制。 其实验装置包括：光导摄像管电视摄影机（使用一种扫描机制，每 10 秒钟就能完成一幅完整的图像）、装在 1.8 米长悬臂上的 γ 射线光谱仪、雷达测高仪和以粗糙的登陆方式能够在月球表面上使用的测震仪。

工作人员正在检查组装"徘徊者"5号

# 美国"徘徊者"7号

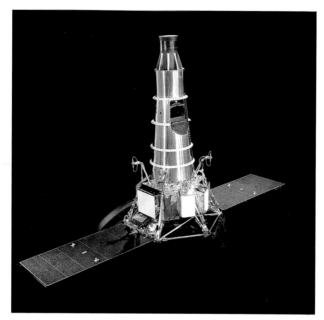

"徘徊者"7号（Ranger 7）是第一个成功地将月球表面的近距离影像传输回地球的美国探测器，它也是"徘徊者计划"中第一个完全成功的探测器。

## 研发历史

"徘徊者"7号在1964年7月28日发射，设计目的是以抛射轨道撞击月球表面，并在撞击前的最后几分钟内传送回高分辨率的月球表面影像。

| 基本参数 | |
|---|---|
| 任务类型 | 行星探测 |
| 探测对象 | 月球 |
| 发射时间 | 1964年7月28日 |
| 发射手段 | 擎天神－爱琴娜运载火箭 |

## 性能解析

"徘徊者"7号有一个直径1.5米的六角形基座，在上面有推进器和动力系统，还有一座截去尖端以安放电视摄影机的圆锥形塔。一个圆柱状的准静态无定向天线被安置在圆锥形塔的顶端。"徘徊者"7号上携带的通信设备将生成图像的信号转换为视讯的RF信号后，由高增益天线依序传送。足够的视频带宽使窄视野和广角的电视图片影像都可以快速传送。

# 美国"旅行者"1 号

　　"旅行者"1 号（Voyager 1）探测器曾造访过木星及土星，是离地球最远和飞行速度最快的人造飞行器。

## 研发历史

　　自从探索过水、金星的"水手"10 号探测器被"停职"后，美国航天局打算研发"水手"11 号探测器，不料碰到了 176 年一遇的行星几何排列。这种情况下，探测器只需要少

| 基本参数 | |
|---|---|
| 任务类型 | 行星探测 |
| 探测对象 | 木星、土星 |
| 发射时间 | 1977 年 9 月 5 日 |
| 发射手段 | "大力神"3E 运载火箭 |

量的燃料以作航道修正，之后就可以借助各个行星的引力加速，一个探测器就可以完成对木星、土星、天王星以及海王星的造访。机不可失，美国航天局立马将原计划的"水手"11 号改设计为"旅行者"1 号。1977 年 9 月 5 日，"旅行者"1 号在佛罗里达州的卡纳维尔角，由一枚"大力神"3 号运载火箭成功发射。

## 性能解析

　　"旅行者"1 号探测器上携带了一张厚约 0.31 米、表面镀金、内有留声机针的铜质磁盘唱片，它的内容包括用 55 种人类语言录制的问候语和各类音乐，另外，磁盘上还有 115 幅影像，包括太阳系各行星的图片、人类外观的图像及说明等，这些数据旨在向"外星人"表达人类的问候。

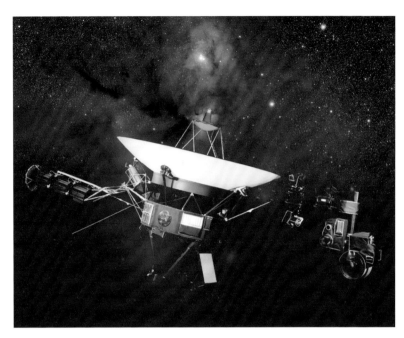

"旅行者" 1 号在太空运行想象图

"旅行者" 1 号在空间模拟器室

# 美国"旅行者"2 号

"旅行者"2 号（Voyager 2）是美国航天局研制的第二艘飞往太阳系外的空间探测器。

## 研发历史

"旅行者"2 号被认为是从地球发射的航天器中生产数量最多的一艘航天器，原因在于美国航天局对其后的"伽利略"号和"卡西尼 – 惠更斯"号等计划上的花费吃紧的情况下，"旅

| 基本参数 | |
|---|---|
| 任务类型 | 飞越 / 科技测试 |
| 探测对象 | 各大行星 |
| 发射时间 | 1977 年 8 月 20 日 |
| 发射手段 | "大力神"3E 运载火箭 |

行者"2 号仍能以强大的摄影机及大量的科学仪器造访四颗气态巨行星（木星、土星、天王星、海王星）及其卫星。1977 年 8 月 20 日，"旅行者"2 号在佛罗里达州的卡纳维拉尔角成功发射。

## 性能解析

"旅行者"2 号在设计上基本与"旅行者"1 号相同。不同的是"旅行者"2 号沿着一个较慢的飞行轨迹，使它能够保持在黄道（即太阳系众行星的轨道水平面）之中，借此在 1981 年的时候透过土星的引力加速飞往天王星和海王星。

"旅行者" 2 号被送入火箭内

# 美国"伽利略"号

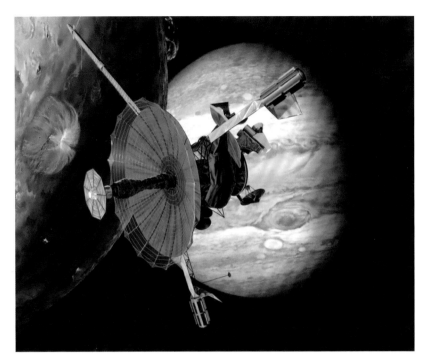

　　"伽利略"号（Galileo）探测器是美国航天局第一个直接专门探测木星的探测器，也是美国航天局发射的最成功的探测器之一。

## 研发历史

　　美国早在 1978 年就开始了"伽利略"号木星探测器的研发，并计划在 1982 年 1 月发射，但由于经费不足、飞行设计修改和航天飞机发射失败等原因，导致了发射一再推迟。直到 1989 年 10 月 18 日，"伽利略"号才由"亚

| 基本参数 | |
| --- | --- |
| 任务类型 | 行星探测 |
| 探测对象 | 木星 |
| 发射时间 | 1989 年 10 月 18 日 |
| 发射手段 | "亚特兰蒂斯"号航天飞机 |

特兰蒂斯"号航天飞机送入太空。但它进入木星轨道并不顺利，1990 年 2 月掠过金星，同年 12 月和 1992 年 12 月两次掠过地球，以充分利用它们的引力来加速，然后才正式踏上飞往木星的征途。之后，"伽利略"号又经过 3 年的太空遨游，1995 年 12 月 7 日才进入绕木星飞行的轨道。

## 性能解析

"伽利略"号探测器呈不规则长形体，由木星轨道器和再入器两部分组成，在到达木星前约 150 天时，两者分离，轨道器环绕木星运行探测，再入器深入木星大气层考察。

"伽利略"号探测器上有一个直径约 5 米的高增益地球通信天线，使用 S 和 X 波段与地球通信，定向精度为 0.1 度。轨道器上还装有 CCD 摄像机，发回的照片清晰度比"旅行者"探测器高 20 ～ 1000 倍，可分辨出木星卫星表面 30 ～ 50 米范围的细节；近红外绘图分光计，可探测出氨、磷化氢、水、甲烷、锗等组分；紫外分光计能探测出氨、氢和氧等；光子偏振、辐射计，可以测量偏振光和光强度；磁强计、高能粒子检测仪、等离子体检测仪、等离子体波分系统（测量电场和磁场变化）、尘埃粒子检测仪和重离子计数器等，可用于对木星磁层等的研究。

"伽利略"探测器发射升空

"伽利略"号探测器被部署在航天飞机上

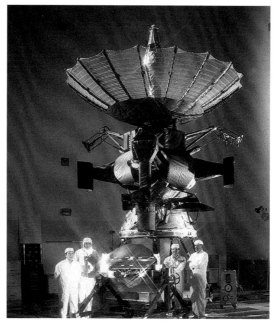

"伽利略"号探测器主要天线展开

# 美国"深空"1号

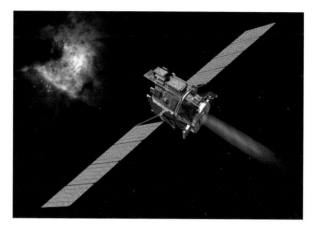

　　"深空"1号（Deep Space 1）探测器是美国推出"新盛世"计划之后的第一个探测器，也是世界上第一个由计算机导航的探测器。

## 研发历史

　　1994 年美国提出了"新盛世"计划，该计划首要任务是确定开发和验证先进太空技术，从而减少太空科学研究的成本。美国科学家设计出了一种离子引擎，这种离子引擎是利用电子撞击疝气的原子产生动力，该引擎所消

| 基本参数 | |
|---|---|
| 任务类型 | 飞越 / 科技测试 |
| 探测对象 | 布雷尔与波瑞利彗星 |
| 发射时间 | 1998 年 10 月 24 日 |
| 发射手段 | "德尔塔"2 号运载火箭 |

耗的燃料是传统火箭引擎的十分之一。随后科学家将这种引擎运用到了探测器上，探测器重约 1000 磅（453.6 千克），长 2.5 米，具有自动驾驶功能，可以自行拍摄星际空间，并做出方位的判断，它就是"深空"1号探测器。

## 性能解析

　　"深空"1号由普通火箭发射升空以后，离子引擎把电子射入氙气的原子中，把每个原子剥去一个电子，从而使原子带电——离子化。离子通过电场被加速，再由推进器以每小时 10.46 万千米的速度发射出来。尽管能达到这样的速度，但是粒子产生的推力极小，几乎只相当于一张纸的重量。不过，连续不断地推动能使"深空"1号的时速每天提高 25 ～ 32 千米。推进器和其他设备所需的电力由一种新型太阳能电池板生产，电池板上带有 720 面镜片，能把能量聚集到太阳能电池中。

"深空"1号在太空飞行想象图

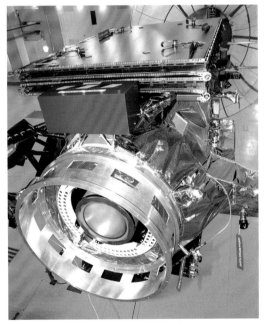

"深空"1号太阳能离子推进引擎进行试验

工作人员正在组装"深空"1号

# 美国"起源"号

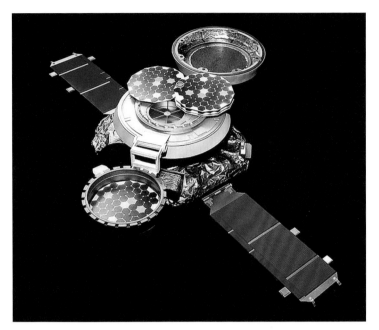

"起源"号 (Genesis) 是美国2001年发射的一个空间探测器，主要目的是搜集太阳风粒子，以解开有关太阳系的起源和演化等方面的问题。

## 研发历史

2001年8月8日，"起源"号从美国的卡纳维拉尔角由"德尔塔"2号运载火箭发射升空。同年11月开始采集太阳风粒子。2004年4月1日采集结束，"起源"号探测器开始返航，并于同年9月8日返回地球大气层。

| 基本参数 | |
| --- | --- |
| 任务类型 | 飞越/科技测试 |
| 探测对象 | 太阳 |
| 发射时间 | 2001年8月8日 |
| 发射手段 | "德尔塔"2号运载火箭 |

## 性能解析

"起源"号探测器的主要装备是5个六边形的硅化玻璃盘，作为太阳风粒子的采集板，每个10厘米大小，由高纯度的蓝宝石、金刚石镶嵌而成，并有硅和金涂层。发射后能够对准太阳风吹来的方向，在探测到太阳表面喷发的时候打开，以捕捉太阳风物质。

"起源"号上用于采集太阳风粒子的硅化玻璃盘

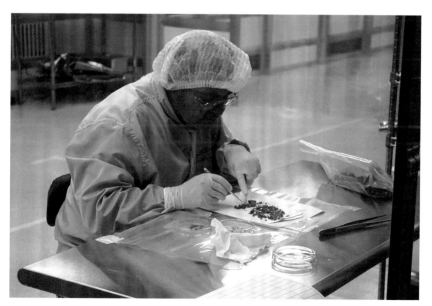

"起源"号研究人员对采集到的样品进行分析

"起源"号返回舱坠落在犹他州的沙漠上

"起源"号探测器进行测试

# 美国"信使"号

　　"信使"号（Messenger）探测器由美国航天局在 2004 年 8 月 3 日发射，主要目的是研究水星的环境与特性。

## 研发历史

　　美国航天局制订了一个探测水星的计划，要完成此计划，需要研发一种新型的探测器，该探测器由美国航天局、卡内基研究所以及约翰·霍普金斯大学共同研发。2004 年 8 月 3 日，

| 基本参数 | |
|---|---|
| 任务类型 | 飞掠 / 环绕 |
| 探测对象 | 水星 |
| 发射时间 | 2004 年 8 月 3 日 |
| 发射手段 | "德尔塔" 2 号运载火箭 |

"信使"号探测器在肯尼迪航天中心由"德尔塔"2 号运载火箭发射升空，发射取得圆满成功，之后，"信使"号探测器开始了计划中的耗时 6 年半、飞行 79 亿千米的探测征途。

## 性能解析

　　"信使"号高 1.85 米、宽 1.42 米并且纵深 1.27 米。"信使"号使用了现成的部件和标准的数据界面，使用的天线不是展开式，而是固定式，这样便减少了在天线展开过程中与地球控制人员失去联系的可能。美国航天局为了压缩太空探测项目的开支，"信使"号探测器所携带的燃料较少，本来如果有足够的燃料，"信使"号探测器只需要 3 个月便可抵达水星。而实际上，由于燃料的问题，"信使"号探测器需要在太阳系内飞行 6 年半，再通过天体引力进入水星。

工作人员正在检查"信使"号探测器

# 美国"深度撞击"号

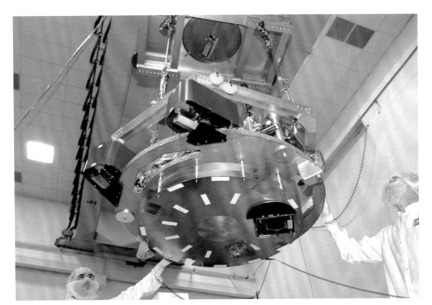

"深度撞击"号（Deep Impact）探测器是美国航天局发射的，主要是为了撞击"坦普尔"1号彗星，从而研究其内部结构。

## 研发历史

1978年，科学家艾伦·德拉米尔和迈克·贝尔顿无意中发现著名的"坦普尔"1号彗星是个不折不扣的"煤球小子"，彗核外壳比煤球还要黑，这一发现激起了科学家研究彗星物质构成的好奇心，"深度撞击"号探测器计划由此诞生。该计划的目的就是为了研究彗星的内部构成。

| 基本参数 | |
|---|---|
| 任务类型 | 彗星探测 |
| 探测对象 | "坦普尔"1号彗星 |
| 发射时间 | 2005年1月13日 |
| 发射手段 | "德尔塔"2号运载火箭 |

## 性能解析

"深度撞击"号探测器主要由探测器和撞击舱两部分组成，探测器大小和一辆小轿车差不太多，重约380克，主要的装置有：一个固定的太阳帆板及小的镍氢电池、高增益天线、碎片防护装置、高分辨率成像仪和中分辨率成像仪，34米波长的X波段无线电与地球和撞击舱保持通信。

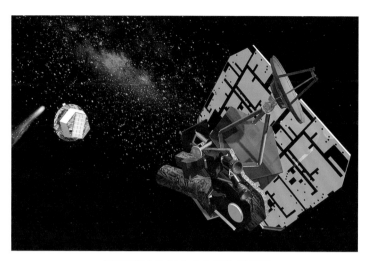

"深度撞击"号在太空工作想象图

"深度撞击"号由"德尔塔"2 号火箭运载升空

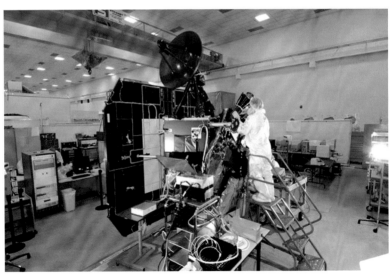

工作人员正在检查"深度撞击"号探测器

# 美国"凤凰"号

　　"凤凰"号（Phoenix）是美国国家航空航天局的 2007 年火星探测计划，主要目的是对火星的极地环境进行探测。

## 研发历史

　　"凤凰"号于 2007 年 8 月从美国佛罗里达州卡纳维拉尔角发射升空，于 2008 年 5 月在火星北极成功着陆。这项任务的目的是寻找火星北极土壤中可能存在的生命特征，对浅层地下的水冰进行研究。

| 基本参数 | |
| --- | --- |
| 任务类型 | 行星探测 |
| 探测对象 | 火星 |
| 发射时间 | 2007 年 8 月 4 日 |
| 发射手段 | "德尔塔" 2 号运载火箭 |

## 性能解析

　　"凤凰"号的设计很独特，它有三条机械臂支撑，机械臂由铝和钛两种材料制成，工作起来像一台反铲挖土机，机械臂插入火星地面接着旋转就能将土壤样本取出。"凤凰"号火星任务的首席科学家、亚利桑那大学的彼得·史密斯博士表示，"凤凰"号能够检测有机物的存在，不过它不能分辨出里面是否存在 DNA 或蛋白质。

"凤凰"号探测器在火星工作想象图

工作人员正在对"凤凰"号进行检查

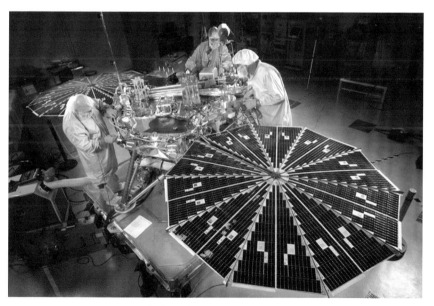

工作人员对"凤凰"号进行组装

# 美国"黎明"号

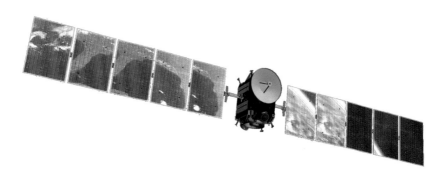

"黎明"号（Dawn）是美国国家航空航天局（NASA）的无人空间探测器，是第一个探测小行星带的人类探测器。

## 研发历史

"黎明"探测器号在 2007 年 9 月 27 日于卡纳维拉尔角空军基地 17B 号太空发射复合体由"德尔塔"2 号运载火箭发射升空。其原先的发射时间为 6 月 20 日，但因为许多因素干扰而延迟三个月之久。"黎明"号升空

| 基本参数 | |
|---|---|
| 任务类型 | 飞越 / 科技测试 |
| 探测对象 | 小行星 |
| 发射时间 | 2007 年 9 月 27 日 |
| 发射手段 | "德尔塔"2 号运载火箭 |

之后，离子推力器开始运作，于 2007 年 12 月 17 日开始进入巡航阶段。2008 年 10 月 31 日"黎明"号完成首次喷射前往火星，目的是在 2009 年 2 月依赖火星的重力助推前往小行星带。

2017 年 2 月 16 日，有科学家报告说，"黎明"号探测器在太阳系一颗小行星——谷神星上发现了可能构成生命的碳基有机化合物。

## 性能解析

"黎明"号配置有摄像机、可见光及红外线光谱仪和中子探测仪等仪器。马克斯·普朗克太阳系研究所、德国航空太空中心、洛斯阿拉莫斯国家实验室及意大利太空总署分别为其提供各种所需的仪器。据统计，黎明号任务自 2007 年执行至今已传回了接近 7 万幅影像，以及超过 132GB 的数据。

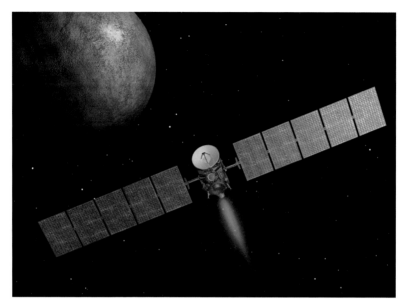

"黎明"号在太空工作想象图

"黎明"号由"德尔塔"2 号火箭运载升空

"黎明"号拍摄的灶神星照片

# 美国"新视野"号

"新视野"号（New Horizons）是第一艘飞越和研究冥王星的空间探测器。

## 研发历史

"新视野"号原定于 2006 年 1 月 17 日在卡纳维拉尔角空军基地发射，但因地面强风和负责该项目的霍金斯大学物理实验室控制中心突然停电的原因，两度推迟升空。直到 2006 年 1 月 19 日，卡纳维拉尔角上空云层逐渐散

| 基本参数 | |
| --- | --- |
| 任务类型 | 行星探测 |
| 探测对象 | 冥王星 |
| 发射时间 | 2006 年 1 月 19 日 |
| 发射手段 | "擎天神" 5 号运载火箭 |

去，气候条件适合发射，才顺利点火发射升空。2015 年 7 月 14 日 "新视野" 号完成了对冥王星系统的飞越。

## 性能解析

"新视野"号探测器是在美国太空总署近年推行小型化、低成本，及多功能的指引下而制成的。探测器分为三个主要部分：即动力系统，包括提供探测器所有电力的核能电池，以及调节探测器位置的引擎；通信系统，包括高增益天线及低增益天线以及与地球保持联络的装置；科学平台是安装所有探测仪器的地方，提供有效使用仪器的工作环境，以及保护脆弱的仪器。

"新视野"号发射升空

工作人员正在安装"新视野"号

"新视野"号探测器在太空工作想象图

# 美国"朱诺"号

"朱诺"号（Juno）探测器预计在2016年进入木星轨道，在一年多的时间里对木星上的天然气起源之谜、木星大气结构、地层构造以及磁场情况进行详细的探测。

## 研发历史

2009年，美国提出了"新疆界"计划，该计划中的第二个探测项目就是木星探测。虽然美国早在1989年发射了一颗专门探测木星的探测器——"伽利略"号探测器，获得了

| 基本参数 | |
| --- | --- |
| 任务类型 | 行星探测 |
| 探测对象 | 木星 |
| 发射时间 | 2011年8月5日 |
| 发射手段 | "擎天神"5号运载火箭 |

大量有关木星的信息，但2003年9月"伽利略"号探测器按程序坠毁在木星。为能继续探测木星，美国研发出了"朱诺"号探测器，该探测器由美国洛克希德·马丁公司建造，美国航天局下属喷气推进实验室负责整个探测任务的运行。

## 性能解析

"朱诺"号探测器主要任务是调查木星上冰岩芯是否存在，确定木星上水的含量，大气中氨的含量，研究木星大气对流情况以及探讨木星磁场起源和极地磁层。2011年8月5日，"朱诺"号探测器由"擎天神"5号运载火箭送入太空，因为只有地球和木星处于适当的位置，"朱诺"号探测器才能到达目的地，所以飞往木星要推迟很长一段时间。

"擎天神"5号火箭运载"朱诺"号探测器准备发射

工作人员正在测试"朱诺"号的太阳能电池板

"朱诺"号正在安装高增益盖天线

# 美国 / 欧洲 "尤利西斯" 号

"尤利西斯" 号（Ulysses）是美国国家航空航天局（NASA）与欧洲航天局（ESA）联合研制的一种太阳探测器。

## 研发历史

"尤利西斯" 号探测器于 1990 年 10 月 6 日在卡纳维拉尔角由 "发现" 号航天飞机发射升空，探测器的控制中心位于美国宇航局的喷

| 基本参数 | |
| --- | --- |
| 任务类型 | 太阳探测 |
| 探测对象 | 太阳 / 行星际磁场 |
| 发射时间 | 1990 年 10 月 6 日 |
| 发射手段 | "发现" 号航天飞机 |

气推进实验室。目的是研究太阳的性质，加深对太阳风、太阳极区以及行星际磁场等方面的了解。

## 性能解析

"尤利西斯" 号探测器主体是箱式机构，长、宽、高分别为 3 米、3.3 米和 2 米，安装有一个指向地球的 1.65 米直径的碟型高增益天线（HGA），用于和地面的通信联络。探测器在飞行的同时还围绕天线的轴线进行旋转。除此之外还有一个 5.6 米长的径向悬臂（RB），上面安装有一台三轴伸展螺旋磁强计、一台电磁导航磁强计和一台磁力磁向测量仪。它们都安装在远离探测器的地方，为的是避免干扰。在自转轴上、与高增益天线相反的方向还装有一个 7.5 米长的单极天线。

"尤利西斯"号由航天飞机发射升空

工作人员正在对"尤利西斯"进行测试

"尤利西斯"号在太空工作想象图

# 美国 / 欧洲 / 意大利 "卡西尼" 号

　　"卡西尼" 号（Cassini）探测器由美国、欧洲和意大利航天局合作研发，其任务是环绕土星飞行。

## 研发历史

　　"卡西尼" 号是 "卡西尼—惠更斯" 号的一个组成部分，在东八区 1997 年 10 月 15 日 16 时 43 分发射升空。"卡西尼" 号探测器在 2006 年 11 月发现了土星上的一场风暴，与之

| 基本参数 | |
|---|---|
| 任务类型 | 行星探测 |
| 探测对象 | 土星 |
| 发射时间 | 1997 年 10 月 15 日 |
| 发射手段 | "大力神" 4 号运载火箭 |

相比，地球上的飓风看起来就像是夏季的微风。"卡西尼" 号探测器还在土星周围发现了 7 颗新卫星，这使土星的卫星总数达到了 62 颗。

## 性能解析

　　根据引力助推原理，科学家为 "卡西尼" 号探测器设计了一条通往土星的智慧曲线，这条智慧曲线的奇特之处在于：它没有直接向土星飞去，它围绕地球绕了好几圈，才把目的地对准土星，整个行程达到了 35.2 亿千米，是地球与土星的实际距离的 2.5 倍以上。"卡西尼" 号探测器还用了一些时间研究木星，给这颗巨型行星拍摄了大约 2.6 万张照片，科学家借助这些数据，可以更好地了解木星大气状况。

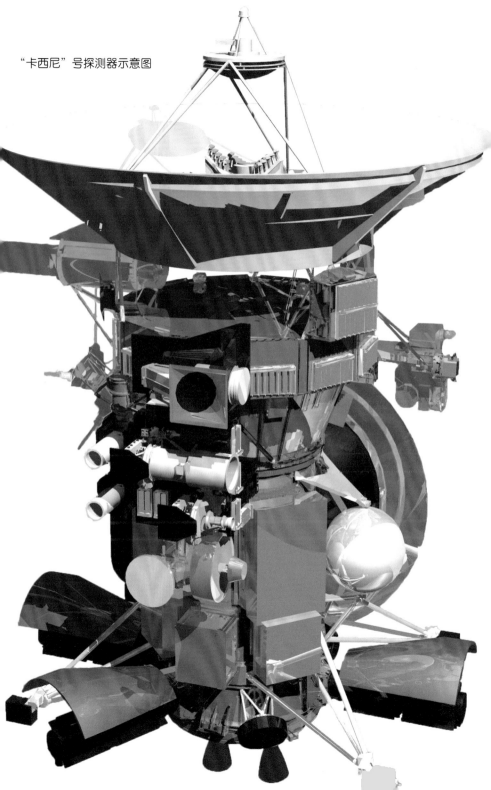

"卡西尼"号探测器示意图

"卡西尼"号探测器在肯尼迪航天中心

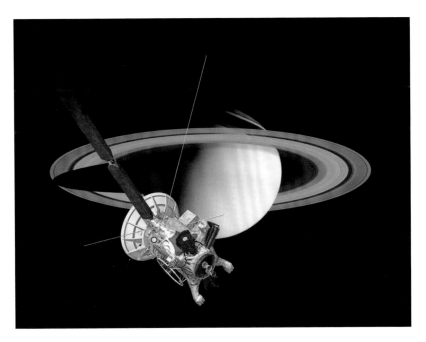

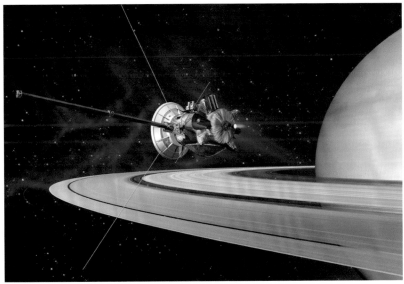

"卡西尼"号探测器在太空工作想象图

# 苏联"月球"1号

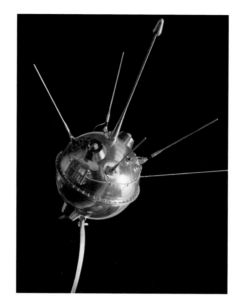

"月球"1号（Luna 1）是一系列以"月球号"命名的探测器中的第一个成员，也是苏联发射成功的第一颗星际探测器。

## 研发历史

"月球"1号是于1959年1月2日在拜科努尔航天发射场由"月球"号运载火箭运载升空。但是地面控制系统的故障导致火箭的点

| 基本参数 | |
| --- | --- |
| 任务类型 | 行星探测 |
| 探测对象 | 月球 |
| 发射时间 | 1959年1月2日 |
| 发射手段 | "月球"号运载火箭 |

燃时间出现误差，因此"月球"1号只能于1959年1月4日在月球上空5995千米处掠过。"月球"1号在掠过月球表面后，随即离开地球轨道。这使它成为人类发射成功的第一个摆脱地球引力场的航天器。现在，"月球"1号仍然环绕着太阳公转，其轨道位于地球轨道与火星轨道之间。

## 性能解析

"月球"1号拥有一组无线电设备，其中包括一个跟踪发射器和遥测系统，以及五个用来研究月球和星际空间的仪器，包括一个磁强计、盖革计数器、闪烁计数器和微陨石探测器。发射"月球"1号所使用的火箭被称为"月球"号火箭。该火箭实际上是"卫星"号火箭的一种改进型。

# 苏联"金星"1A 号

　　"金星"1A 号（Venera 1A）是苏联第一台尝试探测金星的探测器，由于未脱离环绕地球轨道，又被称为"卫星"7 号。

## 研发历史

　　1961 年 2 月 4 日，"金星"1A 号在拜科努尔航天发射场由"闪电"号运载火箭成功的运送到环绕地球轨道，该探测器及末端节经过22 天后，于 1961 年 2 月 26 日重返大气层时烧毁，大概坠毁于西伯利亚。

| 基本参数 | |
| --- | --- |
| 任务类型 | 行星探测 |
| 探测对象 | 金星 |
| 发射时间 | 1961 年 2 月 4 日 |
| 发射手段 | "闪电"号运载火箭 |

## 性能解析

　　"金星"1 号所携带的科学仪器有三轴磁强计、可变电感器（垂直速度感测器）以及带电粒子的侦测器。除此之外，"金星"1A 号还携带了一颗小球，小球内部装有奖牌以及纪念本次发射任务的纪念品。通信系统运用两个频道，分别是 66 百万赫兹以及 66.2 百万赫兹。

# 苏联"金星"1号

"金星"1号（Venera 1）是苏联第二台探测金星的太空探测器。

## 研发历史

1961年2月12日"金星"1号经由"闪电"号运载火箭发射后，使用第四级火箭将探测器推向金星，发射后开始进行探测器的位置确认。2月12日探测器距离地球126300千米，第二天距离地球488900千米，之后开始每5

| 基本参数 | |
|---|---|
| 任务类型 | 行星探测 |
| 探测对象 | 金星 |
| 发射时间 | 1961年2月12日 |
| 发射手段 | "闪电"号运载火箭 |

天确认一次位置，2月17日距离地球189万千米、温度29℃，一切正常；但2月22日进行确认时却搜索不到信号，此时距离地球已经到达320万千米，虽然于3月4日再次进行确认，但仍旧搜寻不到"金星"1号的信号。

## 性能解析

"金星"1号具有2平方米的太阳能电池板，还配备有一个高增益天线，会向地球发出无线电信号。另外有一根2.4米长的全像天线会向地球发射1.6米波长的无线电波；T型天线则以922.8百万赫兹的频率向地球发送1字节/秒的信息。"金星"1号配备的科学仪器有离子陷阱、陨石探测器、宇宙射线计数器。

# 苏联"金星"4 号

"金星"4 号（Venera 4）是苏联第二台成功到达金星大气层的探测器，也是首次成功传回科学资讯的金星大气层探测器。

## 研发历史

1967 年 6 月 12 日，苏联发射了"金星"4 号探测器，同年 10 月 18 日进入金星大气层。"金星"4 号着陆舱在进入大气层后展开降落伞，在降落伞的作用下缓慢下落，探测数据及

| 基本参数 | |
| --- | --- |
| 任务类型 | 行星探测 |
| 探测对象 | 金星 |
| 发射时间 | 1967 年 6 月 12 日 |
| 发射手段 | "闪电"号运载火箭 |

时发送到轨道舱，然后返回地球。当着陆舱下降到距离金星表面 24.96 千米时，信号停止发射，估计是着陆舱被金星的高气压压扁而损毁。

## 性能解析

"金星"4 号探测器高 3.5 米，太阳能电池板可以延伸至 4 米宽。面积有 2.5 平方米的金星胶囊运载器携带了磁力计、宇宙射线探测计、氢气与氧气检测器、带电粒子陷阱。在渐渐靠近金星时开始利用自身燃料减速，并利用金星大气进行刹车，距离金星表面 24.96 千米时释放降落伞系统，金星胶囊也开始运作。

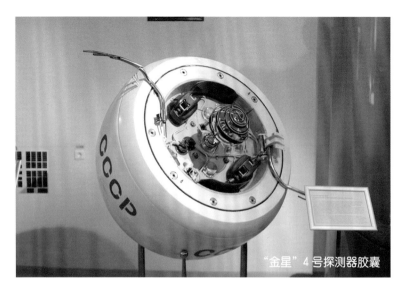

"金星" 4 号探测器胶囊

"金星" 4 号探测器模型图

# 苏联"金星"9号

"金星"9号（Venera 9）是苏联第一台成功环绕金星，成功从金星表面传回科学数据的探测器。

## 研发历史

1970年，苏联成功发射了"金星"7号探测器，同年12月15日实现在金星软着陆，它的着陆舱重约500千克，测得金星表面的

| 基本参数 | |
|---|---|
| 任务类型 | 行星探测 |
| 探测对象 | 金星 |
| 发射时间 | 1975年6月8日 |
| 发射手段 | 质子号运载火箭 |

温度为447℃，气压为90个大气压，大气层密度大约为地球的100倍，成为第一个到达金星实地考察的使者。随后为了进一步了解金星，苏联又先后发射了多个金星探测器，其中就包括了1975年6月8日发射的"金星"9号。

## 性能解析

"金星"9号总重约4396千克，由1台轨道环绕器与1台着陆器组成。轨道环绕器由一个圆柱主体、两片太阳能电池板以及高增益天线所组成，在圆柱主体的底部具有推进系统，另外在圆柱柱体上方有一颗直径2.4米的圆球，内部装载了金星着陆器。1975年10月20日，轨道环绕器进入金星轨道。其任务是作为金星着陆器的中继传讯站及数台大气探测仪器的接收器。整个金星轨道环绕器搭载17个科学仪器与实验装置。着陆器备有消除金星高温的冷却系统，整个冷却系统让"金星"9号着陆器可以在着陆后运作53分钟。

# 苏联"金星"10 号

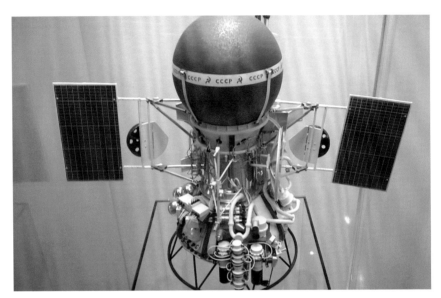

"金星"10 号（Venera 10）是苏联所发射的金星探测器，其任务是作为金星着陆器的中继传讯站及数台大气探测仪器的接收器。

## 研发历史

"金星"10 号探测器在 1975 年 6 月 14 日由"质子"号火箭成功载升空，1975 年 10 月 23 日，着陆器与轨道环绕器分离，轨道环绕器进入金星轨道。

| 基本参数 | |
| --- | --- |
| 任务类型 | 行星探测 |
| 探测对象 | 金星 |
| 发射时间 | 1975 年 6 月 14 日 |
| 发射手段 | "质子"号运载火箭 |

## 性能解析

"金星"10 号轨道环绕器是由一个圆柱主体、两片太阳能电池板以及高增益天线所组成，在圆柱主体的底部具有推进系统，另外在圆柱柱体上方有一颗直径 2.4 米的圆球，内部装载了金星着陆器。轨道环绕器搭载了几项科学仪器与实验装置，其主要任务是作为金星着陆器的中继传讯站及数台大气探测仪器的接收器。

# 欧洲"乔托"号

"乔托"号（Giotto）探测器是一款欧洲空间局所发射的探测器，其主要任务是探测哈雷彗星。

## 研发历史

"乔托"号是为了纪念意大利画家乔托·迪·邦多纳而命名的，他曾在 1301 年观测过哈雷彗星,并视为"伯利恒之星"。"乔托"号于 1986 年 3 月 13 日成功以 596 千米的距

| 基本参数 | |
|---|---|
| 任务类型 | 彗星探测 |
| 探测对象 | 哈雷彗星 |
| 发射时间 | 1985 年 7 月 2 日 |
| 发射手段 | "亚利安" 1 号运载火箭 |

离通过哈雷彗星的核心。1990 年 7 月 2 日"乔托"号再度运作，并借着地球的引力接近下一个探测目标。1992 年 7 月 10 日，"乔托"号接近葛里格 – 斯克杰利厄普彗星，距离仅有 200 千米，1992 年 7 月 23 日，"乔托"号上的卫星仪器再度关闭。

## 性能解析

"乔托"号创造多个历史纪录,其中包括历史上距离哈雷彗星最近的探测器，历史上首次拍摄到彗核照片的探测器，历史上首艘近距离接触两颗彗星的探测器，历史上从冬眠模式再重新启动的探测器等。科学家从"乔托"号拍摄的照片得知，哈雷彗星的彗核形状类似花生，长 15 千米，宽 7 ～ 10 千米，表面相当粗糙且多孔，整体的密度约 0.3 克 / 立方厘米。

工作人员正在组装"乔托"号探测器

"乔托"号探测器在太空工作想象图

# 欧洲 "罗塞塔" 号

"罗塞塔" 号（Rosetta）是欧洲航天局组织的机器人空间探测器计划。

## 研发历史

"罗塞塔" 号卫星于 2004 年 3 月 2 日在圭亚那太空中心发射，经过 10 年零 8 个多月后进入彗星轨道，随后其所搭载的 "菲莱" 登陆器于 2014 年 11 月 12 日在彗星上着陆。在 2014 年 8 月 6 日菲莱登陆器接近到彗星约

| 基本参数 | |
| --- | --- |
| 任务类型 | 行星探测 |
| 探测对象 | 彗星 |
| 发射时间 | 2004 年 3 月 4 日 |
| 发射手段 | "亚利安娜" 5 号运载火箭 |

100 千米的距离，并降低其相对速度为 1 米 / 秒，从而成为意图会合彗星而进入其轨道的第一个航天器。

## 性能解析

"罗塞塔" 号卫星装备了一对各 14 米长的太阳能电池阵列，有超过 60 平方米的面积、最低可以提供 400 瓦的功率。"罗塞塔" 号的着陆器 "菲莱" 将在丘留莫夫－格拉西缅科彗星的彗核表面钻一个深度超过 20 厘米的洞，从彗核的表层以下提取物质，然后放到显微镜下研究。

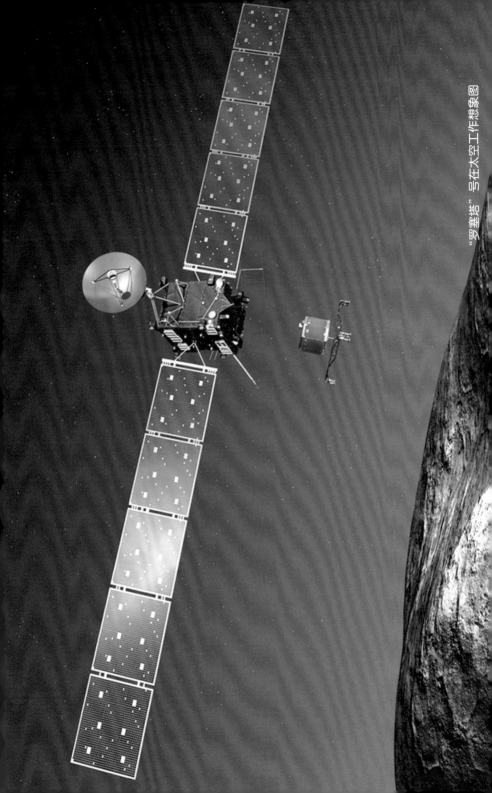

# 欧洲"激光干涉空间天线开路者"号

　　"激光干涉空间天线开路者"号（LISA Pathfinder）是一个欧洲航天局营运的空间探测器。

## 研发历史

　　"激光干涉空间天线开路者"号于 2015 年 12 月 3 日 04:04（UTC 时间）发射升空。该任务将会对于演化激光干涉空间天线所需的科技进行检验。

| 基本参数 | |
|---|---|
| 任务类型 | 飞越 / 科技测试 |
| 探测对象 | 太阳 / 地球 |
| 发射时间 | 2015 年 12 月 3 日 |
| 发射手段 | "织女星"运载火箭 |

## 性能解析

　　"激光干涉空间天线开路者"者号空间探测器的轨域主要在利萨如轨道，发射重量达到 1910 千克，其近地点为 50 万千米，远地点为 80 万千米。

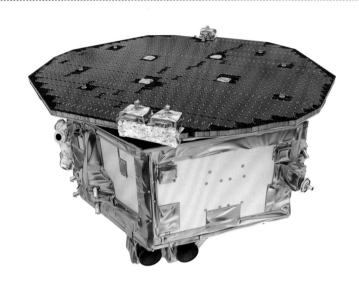

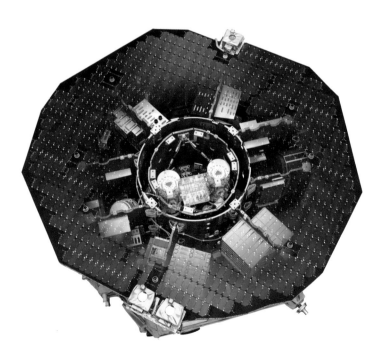

"激光干涉空间天线开路者"号局部特写

"激光干涉空间天线开路者"号进行测试

参考文献

[1] 军情视点. 天外奇兵：全球航天器 50 [M]. 北京：化学工业出版社，2014.

[2] 陈求发. 世界航天器大全 [M]. 北京：中国宇航出版社，2012.

[3] 蒂姆·弗尼斯. 世界航天器史 [M]. 北京：中国科学技术出版社，2016.

手枪与冲锋枪 鉴赏指南（珍藏版）

步枪与机枪 鉴赏指南（珍藏版）

海军陆战队武器 鉴赏指南（珍藏版）

作战飞机 鉴赏指南（珍藏版）

全球火炮 鉴赏指南（珍藏版）

全球导弹 鉴赏（珍藏版）

世界徽章 鉴赏指南（珍藏版）

世界军服 鉴赏指南（珍藏版）

军用辅助舰艇 鉴赏指南（珍藏版）

军用辅助飞机 鉴赏指南（珍藏版）

主战舰艇 鉴赏指南（珍藏版）

航空母舰 鉴赏指南（珍藏版）

民用飞机 鉴赏（珍藏版）

军用车辆 鉴赏（珍藏版）

航天器 鉴赏指南（珍藏版）

反恐装备 鉴赏指南（珍藏版）

# 世界武器鉴赏系列

现代舰船鉴赏指南（珍藏版）第3版

现代飞机鉴赏指南（珍藏版）第3版

现代战机鉴赏指南（珍藏版）第3版

单兵武器鉴赏指南（珍藏版）第3版

特种作战装备鉴赏指南（珍藏版）第3版

世界名枪鉴赏指南（珍藏版）第3版

坦克与装甲车鉴赏（珍藏版）第3版

二战尖端武器鉴赏指南（珍藏版）第2版

世界手枪鉴赏指南（珍藏版）第2版

早期经典战机鉴赏指南（珍藏版）第2版

美国海军武器鉴赏指南（珍藏版）第2版

空战武器鉴赏（珍藏版）

陆战武器鉴赏（珍藏版）

无人装备鉴赏（珍藏版）

特殊武器鉴赏指南（珍藏版）第2版

海战武器鉴赏（珍藏版）